LES

OISEAUX DE L'EUROPE

ET

LEURS ŒUFS.

Espèces non observées en Belgique.

NOUVELLES

PUBLICATIONS DE M. Alph. DUBOIS :

Conspectus systematicus et geographicus avium europæarum. Brochure in-8°. de 35 pages, Bruxelles, 1871.

Traité de zoologie horticole, agricole et forestière. Exposé méthodique des animaux nuisibles et utiles, comprenant leur description, l'histoire de leurs mœurs et de leur propagation, et les moyens à employer pour détruire ceux qui nuisent aux végétaux cultivés ou aux animaux domestiques. 1 vol. in-8', avec planches col. (*Paraîtra incessamment.*)

LES

OISEAUX DE L'EUROPE

ET

LEURS ŒUFS,

DÉCRITS ET DESSINÉS D'APRÈS NATURE

PAR

CH. F. DUBOIS,

MEMBRE HONORAIRE DE PLUSIEURS SOCIÉTÉS SAVANTES,

ET

ALPH. DUBOIS FILS,

DOCTEUR EN SCIENCES NATURELLES, CONSERVATEUR AU MUSÉE ROYAL D'HISTOIRE
NATURELLE DE BELGIQUE, MEMBRE HONORAIRE,
CORRESPONDANT OU EFFECTIF DE PLUSIEURS SOCIÉTÉS SCIENTIFIQUES BELGES ET ÉTRANGÈRES.

~~~~~~

DEUXIÈME SÉRIE,

ESPÈCES NON OBSERVÉES EN BELGIQUE.

—

TOME SECOND

AVEC 152 PLANCHES COLORIÉES.

BRUXELLES. — LEIPZIG. — GAND,

Chez C. Muquardt, H. MERZBACH, Succr.

—

1872.

Tous droits réservés.

</div>
~~~~~~

PRÉFACE.

Au moment de clore cette publication, si courageusement entreprise en 1851 par M. Ch. F. Dubois, je crois utile de donner une courte explication sur la voie suivie depuis que je me suis occupé de ce travail.

Lorsqu'en 1867, j'eus le malheur de perdre mon père, la seconde série de l'ouvrage des *Oiseaux de l'Europe* était déjà bien avancée, de façon que je n'ai eu à y collaborer que pour un quart environ.

La classification adoptée dès l'origine était celle de Temminck, plus ou moins modifiée. L'auteur principal ayant suivi ce système pour la première série (*les Oiseaux de la Belgique*), n'a pas jugé opportun d'en choisir un autre pour la seconde partie de son ouvrage, bien qu'il reconnût alors l'infériorité de cette classification sur celles suivies de nos jours. Je n'avais donc rien de mieux à faire que de continuer dans la même voie.

J'ai cependant pensé que el corollaire indispensable de notre travail était une liste générale des espèces européennes, d'après la méthode moderne, avec indication des familles, des sous-familles et des genres. Mais, je dois l'avouer, je n'ai pu me décider à accepter certains genres, basés uniquement sur la coloration du plumage : un pareil caractère n'est pas sérieux. Même parmi les genres que j'ai cru devoir adopter, il s'en trouve plus d'un, selon moi, que l'on devrait rayer.

Afin que le simple amateur n'ait pas de difficulté à reconnaitre les espèces sous les noms mentionnés dans mon *Conspectus*, comme je l'intitule, j'ai placé, après la patrie, le numéro de la série et celui de la planche représentant l'oiseau. Mais je dois faire observer que, par suite de certaines erreurs dans le numérotage des planches, j'ai indiqué les numéros de celles-ci *d'après les tables des matières*.

Ces erreurs dans la pagination en ont fait naître d'autres, plus regrettables, sur les planches représentant les œufs. Pour remédier à cet inconvénient, et aussi pour faciliter les recherches, j'ai donné une table alphabétique spéciale pour les planches des oiseaux et les figures correspondantes des œufs.

La liste des oiseaux observés en Europe, donnée dans le premier volume à la fin de chaque genre, faisant double emploi avec le travail dont il a été question plus haut, je n'ai pas cru devoir la continuer.

Je ne puis terminer cette préface sans exprimer ma réconnaissance à Monsieur le Baron Ed. de Selys-Longchamps, pour l'obligeance qu'il a eue de me communiquer certaines espèces rares de sa riche collection, afin que j'en pusse prendre le dessin. Je remercie surtout ce savant, des bons conseils et des renseignements qu'il m'a fournis pour la rédaction du *Conspectus*.

A. D.

Ixelles, décembre 1871.

FAMILLE XVI.

CERTHIIDÉS. — CERTHIIDÆ (1).

Genre 65. — Grimpereau. — Certhia, Lin. (1).

Genre 66. — Tichodrome. — Tichodroma, Illig. (1).

CERTHIA, Lin. — PETRODROMA, Vieill.

Genre 67. — Sitelle. — Sitta, Lin. (2).

FAMILLE XVII.

PICIDÉS. — PICIDÆ (2).

Genre 68. — Torcol. — Yunx, Lin. (5).

JYNX, CUCULUS (pars.) Lin. — TORQUILLA, Briss.

Genre 69. — Pic. — Picus, Lin. (4).

DRYOPICUS, DRYOCOPUS, Boie. — DENDROCOPUS, Breh. — CARBONARIUS, Kp.
— DRYOTOMUS, COLAPTES, Sw. — PICOIDES, Lacep. — GECINUS, Boie. etc.

FAMILLE XVIII.

CUCULIDÉS. — CUCULIDÆ (5).

Genre 70. — Coucou. — Cuculus, Lin. (5).

Genre 71. — Coua. — Coccystes, Glog.

CUCULUS, Lin. — COCCYZUS, Vieill. — CUREUS, Boie. — ERYTHROPHRYS,
Sw. — EDOLIUS, Less. — COCCYGIUS, Nitz. — OXYLOPHUS, Sw.

Caractères : Bec robuste, légèrement arqué, pointu et comprimé

---

(1) Voyez pour la description : *C. F. Dubois, Pl. col. des ois. de la Belg.*, t. II, p. LXXXVII.
(2) Ibidem, p. LXXXVIII.
(3) Ibidem, p. LXXXIX.
(4) Ibidem, p. XC.
(5) Ibidem, p. XCI.

latéralement ; narines basales, ovalaires. Ailes assez longues, sub-obtuses, aiguës, atteignant le milieu de la queue; celle-ci longue, large, étagée. Tarses robustes, couverts de larges scutelles. Tour de l'œil plus ou moins dénudé.

Les Couas se rapprochent assez des Coucous, et l'un d'eux, le Coua maculé, en a même le mode de reproduction. La généralité de ces oiseaux construisent un nid, sans élégance, formé de buchettes. La ponte est habituellement de trois à quatre œufs.

Ce genre a des représentants en Amérique, en Afrique et en Europe (1).

FAMILLE XIX.

ALCÉDINIDÉS. — ALCEDINIDÆ (2).

Genre 72. — Martin-pêcheur. — Alcedo, Lin. (5).

ALCYON, STREPTOCERYLE, Bp. — CERYLE, Boie. — MEGACERYLE, Kp. — ISPIDA, Sw. — ENTOMOBIA, Cab. et H.

FAMILLE XX.

MÉROPIDÉS. — MEROPIDÆ (3).

Genre 73. — Guépier. — Merops, Lin. (4).

APIASTER, Briss. — PHLOTHRUS, Reichenb.

FAMILLE XXI.

UPUPIDÉS. — UPUPIDÆ (4).

Genre 74. — Huppe. — Upupa, Lin. (5).

---

(1) Voici la synonymie du *C. americanus*, qui a été oubliée dans le texte : *Cuculus americanus*, L. ; *C. carolinensis*. Wils. ; *C. cinerosus*. Tem. ; *Coccyzus americanus*, Jen. ; *C. pyropterus*, Vieill. ; *Cureus americanus*, Boie. ; *Erythrophrus carolinensis*, Sw.; *E. americanus*, Bp.
(2) Voy. Dub., *loc. cit.*, p. XCII.
(3) Ibidem, p. XCIII.
(4) Ibidem, p. XCIV.
(5) Ibidem. p. XCV.

TROISIÈME ORDRE.

PIGEONS. — COLUMBÆ (1).

FAMILLE XXII.

COLOMBIDÉS. — COLUMBIDÆ (2).

Genre 75. — Colombe. — Columba, Lin. (3).

PALUMBUS, Kp. — LIVIA, D. M. — PALUMBÆNA, Bp. — ECTOPISTES, Sw.
— PERISTERA, Boie. — TURTUR, Selby.

QUATRIÈME ORDRE.

GALLINACÉS. — GALLINÆ (4).

FAMILLE XXIII.

PTÉROCLIDÉS. — PTEROCLIDÆ.

Caractères : Bec plus large que haut à la base; membrane qui surmonte les narines emplumée; région sourcilière couverte de plumes. Ailes longues, aiguës; queue médiocre, conique; les deux rectrices médianes souvent prolongées en brins filiformes. Tarses courts, emplumés; doigts nus ou emplumés; pouce parfois nul.

Cette famille fait le passage des pigeons aux gallinacés ; au point de vue ostéologique, les espèces qui composent ce groupe se rapportent davantage aux pigeons.

---

(1) Voy. Dub., *loc. cit.*, p. XCVI.
(2) Ibidem, p. XCVII.
(3) Ibidem, p. XCVIII.
(4) Ibidem, p. XCIX.

Genre 76. — Ganga. — Pterocles, Tem.

TETRAO, Pall. — PERDIX, Lath. — OENAS, Vieill. — PTEROCLURUS, Bp.

Caractères : Bec médiocre, beaucoup plus court que la tête, sub-conique, convexe, à mandibule supérieure voûtée, dépassant l'inférieure, légèrement courbée à la pointe, à arête arrondie ; narines basales, latérales, semi-lunaires, obliques, surmontées d'une membrane couverte de plumes. Ailes longues, étroites, aiguës, première rémige la plus longue ; queue médiocre ; les deux rectrices médianes se prolongeant parfois en brins. Tarses courts, revêtus antérieurement de petites plumes filiformes ; doigts courts, nus, les antérieurs réunis par une membrane jusqu'à la première articulation ; ongles assez robustes, courbés, obtus ; pouce très-court.

Les Gangas habitent les vastes plaines sablonneuses et particulièrement les déserts. La plupart sont nomades et vivent par troupes ; ils ne se séparent qu'à l'époque des amours. Leur vol est léger et ressemble assez bien à celui des pigeons. Ils sont monogames. Leurs œufs reposent simplement sur un tas d'herbe sèche caché entre des pierres ou dans un petit buisson.

Les mâles diffèrent toujours des femelles, et les jeunes ont, avant leur première mue, un plumage qui les distingue des adultes.

Les oiseaux qui composent ce genre habitent les régions chaudes de l'ancien monde.

Genre 77. — Syrrhapte. — Syrrhaptes, Illig.

TETRAO, Pall. — NEMATURA, Fisch. — HETEROCLITURUS, Vieill.

Caractères : Bec petit, mince, plus court que la tête, sub-conique, convexe, à mandibule supérieure voûtée, un peu courbée à la pointe, à arête arrondie ; narines basales, latérales, obliques, surmontées d'une membrane couverte de plumes. Ailes allongées, étroites, aiguës, à première rémige très-longue et terminée en brin filiforme ; queue médiocre, conique, à rectrices aiguës, les deux médianes longues et effilées. Tarses très-courts, robustes, couverts de duvet ; doigts plus courts que le tarse, épais, réunis par une forte membrane jusqu'à l'extrémité, qui est seule libre, emplumés jusqu'aux ongles en dessus ; pouce nul.

Les Syrrhaptes ont beaucoup d'analogie avec les Gangas, dont ils ont la forme générale, ainsi que les habitudes. Ils nichent dans le sable ou entre des pierres ; les œufs reposent dans une fossette creusée dans le sable et n'ont pour toute litière que quelques rares brins d'herbe.

FAMILLE XXIV.

TÉTRAONIDÉS. — TETRAONIDÆ (1).

Genre 78. — *Lagopède.* — *Lagopus*, Vieill.

TETRAO, Lin. — OREIAS, KP.

Caractères : Bec court, garni de plumes jusque près de son milieu ; narines basales, oblongues, cachées par les plumes du front ; au-dessus des yeux existe une petite bande charnue et papilleuse. Ailes courtes, arrondies, sub-obtuses ; queue courte, arrondie. Tarses et doigts emplumés ; ongles larges, obtus, creusés en dessous.

Les oiseaux de ce genre prennent tous, en hiver, un plumage blanc ; le *L. scoticus* fait seul exception. Les Lagopèdes sont sociables, vivent en familles et restent réunis en troupes plus ou moins nombreuses jusqu'en mai ; à partir de ce mois, ils vont vivre par couples, afin de pourvoir à la perpétuation de leur espèce. Ils sont monogames. La nidification a lieu à terre parmi les buissons ; la ponte est de sept à douze œufs, qui reposent dans une petite fosse.

Genre 79. — *Tétras.* — *Tetrao*, Lin. (2).

LAGOPUS, Briss. — UROGALLUS, Scop. — LYRURUS, Sw.

Genre 80. — *Gélinotte.* — *Tetrastes*, K. et Bl. (3).

TETRAO, Lin. — BONASA, Steph. — BONASIA, Bp.

FAMILLE XXV.

PHASIANIDÉS. — PHASIANIDÆ (4).

Genre 81. — *Faisan.* — *Phasianus*, Lin. (4).

---

(1) Voy. Dub., *loc. cit.* II, p. CI.
(2) Ibidem, p. CII.
(3) Ibidem, p. CIII.
(4) Ibidem, p. C.

FAMILLE XXVI.

PERDICIDÉS. — PERDICIDÆ (1).

Genre 82. — Tetraogalle. — Tetraogallus, Gray.

TETRAO, Gm. — LOPHOPHORUS, Jam — CHOURTKA, Motsch. —
MEGALOPERDIX, Brandt.

Caractères : Bec robuste, allongé, large à la base, à bord de la mandibule supérieure onduleux, à sommet arqué de la base à la pointe ; narines basales, latérales, percées en demi-cercle et surmontées d'une caroncule renflée. Ailes sub-aiguës ; queue ample, arrondie. Tarses médiocres, robustes, pourvus d'un éperon chez les mâles ; doigts courts, épais, le médian presque aussi long que le tarse ; ongles courts, larges.

Ces oiseaux vivent continuellement sur les sommets arides des montagnes près des neiges éternelles.

Genre 83. — Perdrix. — Perdix, Barr. (2).

FRANCOLINUS, Steph. — CHAETOPUS, Sw. — ATTAGEN, K. et Bl. — CACCABIS,
ALECTORIS, Kp. — STARNA, Bp.

Genre 84. — Caille. — Coturnix, Barr. (3).

PERDIX, Briss. — ORTYGION, K. et Bl.

FAMILLE XXVII.

TURNICIDÉS. — TURNICIDÆ.

Les oiseaux de cette famille ont de grands rapports avec les Tétraonidés, dont ils se distinguent par leur bec plus grêle et surtout par leur queue très-courte. Leurs mœurs les rapprochent des Cailles : ils courent plus qu'ils ne volent, ne s'attroupent point, sont indolents comme elles, mais ils ont des habitudes sédentaires.

---

(1) Voy. Dub., *loc. cit.*, p. CIII.
(2) Ibidem, p. CIV.
(3) Ibidem, p. CV.

***Genre 85. — Turnix. — Turnix*,** Bonnat.

TETRAO, Gm. — PERDIX, Latb. — ORTYGYS, Ill. — HEMIPODIUS, Tem.

Caractères : Bec grêle, droit, comprimé, à mandibule supérieure un peu courbée à la pointe et plus longue que l'inférieure ; narines nues, latérales, fendues jusqu'au milieu de la mandibule, à moitié recouverte par une membrane. Ailes médiocres ; queue très-courte, cachée par les sus-caudales. Tarses médiocres, nus, réticulés ; pouce nul ; ongles aigus, un peu courbés.

Les Turnix vivent dans les plaines sablonneuses, parmi les hautes herbes et les broussailles, dans lesquelles ils se tiennent cachés. Ils sont très-indolents et se laissent souvent prendre à la main plutôt que de fuir. Leur nourriture consiste en insectes, larves, vers et semences.

CINQUIÈME ORDRE.

ÉCHASSIERS. — GRALLATORES (1).

FAMILLE XXVIII.

OTIDÉS. — OTIDÆ (2).

***Genre 86. — Outarde. — Otis*,** Lin. (2).

OTETRAX, Lin.

FAMILLE XXIX.

CHARADRIADÉS. — CHARADRIADÆ (3).

***Genre 87. — Oedicnème. — Oedicnemus*,** Tem. (5).

CHARADRIUS, Lin. — OTIS, Latb. — FEDOA, Leach.

---

(1) Voy. Dub., *loc. cit.*, p. CVI.
(2) Ibidem, p. CVII.
(3) Ibidem, p. CVIII.

Genre 88. — *Huîtrier*. — *Hœmatopus*, Lin. (1).

OSTRALEGA, Briss.

Genre 89. — *Échasse*. — *Himantopus*, Barr. (2).

CHARADRIUS, Lin. — MACROTARSUS, Lacep. — HYPSIBATES, Nitzsch.

Genre 90. — *Coureur*. — *Cursorius*, Lath.

CHARADRIUS, Gm. — TACHYDROMUS, Ill. — CURSOR, Wagl.

Caractères : Bec plus court que la tête, légèrement voûté et courbé à la pointe; narines basales, ovales. Ailes moyennes, à rémiges étagées; queue courte. Tarses longs, grêles, revêtus de trois rangées de scutelles s'imbriquant; doigt médian réuni à l'externe par une membrane rudimentaire; pouce nul.

Ces oiseaux ont les habitudes des Outardes. Les mâles et les femelles ont le même plumage. Ils habitent les parties chaudes de l'Afrique et de l'Asie; le *C. isabellinus* se montre accidentellement dans l'Europe méridionale.

Genre 91. — *Pluvian*. — *Pluvianus*, Vieill.

CHARADRIUS, Lin. — CURSOR, Wagl. — CURSORIUS, Schl.

Caractères : Bec médiocre, large à la base, convexe, arqué, aigu, à bords rentrants; narines basales, oblongues, étroites. Ailes allongées, munies d'un tubercule mousse; queue moyenne. Tarses médiocres, grêles, présentant trois rangs de scutelles; doigt médian uni à l'externe par une membrane étroite; pouce nul.

Les Pluvians se placent naturellement entre les pluviers et les coureurs : ils se rapprochent des premiers par la constitution de leurs tarses, et des seconds, par la forme du bec. Quant à leurs mœurs, elles ont beaucoup d'analogie avec celles des Pluviers. Les deux sexes ont le même plumage.

Genre 92. — *Pluvier*. — *Charadrius*, Lin. (2).

PLUVIALIS, Barr. — MORINELLUS, HOPLOPTERUS, CHETTUSIA, Bp. — EUDROMIAS, ÆGIALITES, Boie. — HIATICULA, Gr.

---

(1) Voy. Dub., *loc. cit.*, p. CIX.
(2) Ibidem, p. CX.

Genre 93. — Vanneau. — Vanellus, Lin. (1).

PARRA, Lacép. — CHARADRIUS, Wagl.

Genre 94. — Sanderling. — Calidris, Cuv. (2).

TRINGA, Lin. — ARENARIA, Bechst.

FAMILLE XXX.

STREPSILIDÉS. — STREPSILIDÆ (3).

Genre 95. — Tourne-pierre. — Strepsilas, Illig. (5).

TRINGA, Lin. — CINCLUS, Moehr. — ARENARIA, Briss. — MORINELLA, Mey.
— CHARADRIUS, Pall.

FAMILLE XXXI.

GLARÉOLIDÉS. — GLAREOLIDÆ (4).

Genre 96. — Glaréole. — Glareola, Briss. (5).

PRATINCOLA, Kram. — TRACHELIA, Scop. — HIRUNDO, Lin.

FAMILLE XXXII.

SCOLOPACIDÉS. — SCOLOPACIDÆ (5).

Genre 97. — Bécasseau. — Tringa, Lin. (6).

CALIDRIS, Cuv. — CANUTUS, Breh.

---

(1) Voy. Dub. *loc. cit.*, p. CXIII.
(2) Ibidem, p. CXI.
(3) Ibidem, p. CXII.
(4) Ibidem, p. CXIII.
(5) Ibidem, p. CXIV.
(6) Ibidem, p. CXV.

Genre 98. — *Combattant.* — *Machetes*, Cuv. (1).

TRINGA, Lin. — PHILOMACHUS, Moehr. — PAVONCELLA, Leach.

Genre 99. — *Bécassine.* — *Gallinago*, Leach. (2).

SCOLOPAX, Lin. — TELMATIAS, Boie. — ASCALOPEX, K. et Bl. — MACRORAMPHUS, Leach.

Genre 100. — *Bécasse.* — *Scolopax*, Briss. (3).

RUSTICOLA, Moehr.

Genre 101. — *Guignette.* — *Actitis*, Boie. (4).

TRINGA, Lin. — TOTANUS, Tem. — GUINETTA, Bp.

Genre 102. — *Bartrame.* — *Bartramia*, Less.

TRINGA, Bechst. — TOTANUS, Tem. — ACTITURUS, Bp. — ACTITIS, K. et Bl. — TRINGOIDES, Gr.

Caractères : Bec moins long que la tête, droit; narines basales, latérales, linéaires. Ailes médiocres, dépassant le milieu de la queue; celle-ci ample, assez longue, étagée. Tarses élevés, épais; doigts médiocres, le médian plus court que le tarse, uni à l'externe par une membrane qui s'étend jusqu'à la première articulation; doigt interne libre.

Les Bartrames ont de grands rapports avec les Guignettes. Ils se caractérisent presque uniquement par le développement de la queue. Leurs mœurs et leur régime sont ceux des Bécassines. Les deux sexes ont le même plumage.

Genre 103. — *Chevalier.* — *Totanus*, Bechst. (4).

SCOLOPAX, TRINGA, Lin. — GLOTTIS, Koch. — GAMBETTA, ERYTHROSCELUS, HELODROMAS et RHYACOPHILUS, Kp. — SYMPHEMIA, Raf.

Genre 104. — *Barge.* — *Limosa*, Briss. (5).

NUMENIUS, SCOLOPAX, Lin. — TOTANUS, Bechst. — ACTITIS, Ill. — LIMICULA, Vieill. — FEDOA, Steph. — XENUS, Kp. — TEREKIA, Bp.

---

(1) Voy. Dub., *loc. cit.*, p. CXVI.
(2) Ibidem, p. CXVII.
(3) Ibidem, p. CXVIII.
(4) Ibidem, p. CIX.
(5) Ibidem, t. III, p. CXXV.

FAMILLE XXXIII.

NUMÉNIIDÉS. — NUMENIIDÆ (1).

Genre 105. — Courlis. — Numenius, Moehr. (1).

SCOLOPAX, Lin. — CRACTICORNIS, Gr.

FAMILLE XXXIV.

TANTALIDÉS. — TANTALIDÆ.

Les Tantalides ont quelque analogie avec les Courlis, mais ils se rapprochent davantage des Hérons et des Cigognes par leurs mœurs et l'ensemble de leurs formes. Ce sont des oiseaux migrateurs, vivant en société et fréquentant les bords des cours d'eau.

Genre 106. — Ibis. — Ibis, Moehr (2).

TANTALUS, L. — FALCINELLUS, Bechst. — NUMENIUS, Cuv. — PLEGADIS, Kp.
TANTALIDES, Wagl.

Genre 107. — Tantale. — Tantalus, Lin.

NUMENIUS, Pall. — IBIS, Perr.

Caractères : Bec très-long, droit, légèrement courbé à la pointe, à mandibule supérieure convexe, large à sa base, comprimée et cylindrique à l'extrémité ; bords des mandibules tranchants, recourbés en dedans. Face nue. Ailes aiguës, atteignant presque l'extrémité de la queue. Tarses très-longs ; doigts antérieurs réunis à leur base par une large membrane ; pouce libre, portant à terre.

Les habitudes de ces oiseaux ont beaucoup d'analogie avec celles des Cigognes. Ils vivent dans les endroits inondés ; mais, d'après certains auteurs, ils passeraient la nuit sur les arbres, sur lesquels ils feraient même leur nid. Ces oiseaux sont propres aux pays chauds ; il est même douteux que le *T. ibis* se soit montré en Europe.

---

(1) Voyez Dub, *loc. cit.*, p. CXXV.
(2) Ibidem, p. CXXVI.

FAMILLE XXXV.

GRUIDÈS. — GRUIDÆ (1).

Genre 108. — *Anthropoïde*. — *Anthropoides*, Vieill.

ARDEA, L. — CICONIA, Briss. — GRUS, Pall.

Caractères : Bec un peu plus long que la tête, épais, légèrement convexe ; narines médianes, elliptiques, percées de part en part dans un large sillon. Ailes longues, aiguës ; queue courte. Tarses longs, grêles. Tête emplumée ; plumes cubitales très-longues, pointues, dépassant la queue.

Ces oiseaux se distinguent des Grues par leur tête emplumée et par les touffes qui ornent les régions parotiques et le jabot. Ils ont les mœurs des Grues et particulièrement de la Grue cendrée. Les deux sexes ont le même plumage.

Genre 109. — *Grue*. — *Grus*, Lin. (1).

ARDEA, Lin. — MEGALORNIS, Gr.

Genre 110. — *Baléarique*. — *Balearica*, Briss.

ARDEA, Lin. — ANTHROPOIDES, Vieill. — GRUS, Gr.

Caractères : Bec de la longueur de la tête, à mandibule supérieure notablement déprimée de la base au milieu du bec, ensuite légèrement courbée jusqu'à l'extrémité ; narines petites, ovalaires, percées dans de larges fosses nasales. Joues et gorge nues ; front proéminent ; occiput orné d'un faisceau de plumes roides et filiformes. Ailes allongées ; queue courte, tronquée. Tarses élevés, grêles, réticulés.

Les Baléariques se distinguent des précédents par la forme du bec et surtout par le faisceau de plumes qui ornent l'occiput. Ils sont d'un naturel sociable, familier et s'apprivoisent aisément. Les sexes ne diffèrent que fort peu ; les jeunes ont un plumage particulier.

---

(1) Voy. Dub., *loc. cit.*, p. CXXVII.

FAMILLE XXXVI.

ARDÉIDÉS. — ARDEIDÆ (1).

Genre 111. — *Cigogne*. — *Ciconia*, Briss. (1).

ARDEA, Lin. — MELANOPELARGUS, Reich.

Genre 112. — *Spatule*. — *Platalea*, Lin. (2).

PLATEA, Briss.

Genre 113. — *Héron*. — *Ardea*, Lin. (2).

BUPHUS, Boie. — ARDETTA, EGRETTA, Bp. — GARZETTA, Kp. — ERODIUS,
Macg. — BUBULCUS, Puch. — ARDEOLA, Gr.

Genre 114. — *Butor*. — *Botaurus*, Steph. (3).

ARDEA, Lin. — BUTOR, NYCTIARDEA, Sw. — NYCTICORAX, Briss. —
SCOTÆUS, K. et Bl. — NYCTIRODIUS, Macg.

SIXIÈME ORDRE.

ALECTORIDES. — ALECTORIDES (4).

FAMILLE XXXVII.

RALLIDÉS. — RALLIDÆ (4).

Genre 115. — *Rale*. — *Rallus*, Briss. (4).

Genre 116. — *Poule d'eau*. — *Gallinula*, Briss. (5).

FULICA, L. — PORPHYRIO, Barr. — HYDROGALLINA, Lacep. — CREX, Licht. —
STAGNICOLA, Breh.

---

(1) Voy. Dub., *loc. cit.*, p. CXXVIII.
(2) Ibidem, p. CXXIX.
(3) Ibidem, p. CXXX.
(4) Ibidem, p. CXXXI.
(5) Ibidem, p. CXXXII.

Genre 117. — Porphyrion. — Porphyrio, Briss.

FULICA, Lin. — GALLINULA, Lath.

Caractères : Bec robuste, élevé à la base, conique, à mandibule supérieure convexe, un peu inclinée à la pointe, dilatée sur le front en une large plaque nue, s'étendant au delà des yeux; narines latérales, ovales, percées obliquement. Ailes médiocres; queue courte, arrondie. Tarses longs, robustes, scutellés en avant et sur les côtés; doigts antérieurs très-longs; pouce allongé, portant à terre; ongles longs, arqués, aigus.

Les Porphyrions se distinguent des autres ralliens par leur large plaque frontale et par leurs belles couleurs. Les mâles ont le même plumage que les femelles, mais les jeunes en ont un qui leur est propre. Ces oiseaux habitent les pays chauds de l'ancien monde; on en rencontre également dans le sud de l'Europe.

Genre 118. — Crex. — Crex, Bechst. (1).

ORTYGOMETRA et RALLUS, Lin. — GALLINULA, Lath.

Genre 119. — Marouette. — Porzana, Vieill. (2).

RALLUS, Lin. — GALLINULA, Lath. — ORTYGOMETRA, ZAPORINA, Leach. — CREX, Boie.

FAMILLE XXXVIII.

CINCLIDÉS. — CINCLIDÆ (3).

Genre 120. — Cincle. — Cinclus, Bechst. (3).

STURNUS, Lin. — TURDUS, Lath. — HYDROBATA, Vieill. — AQUATILIS, Mont.

---

(1) Voy. Dub., *loc. cit.*, p. CXXXII.
(2) Ibidem, p. CXXXIII.
(3) Ibidem, p. CXXXIV.
La famille des Cinclidés, que feu mon père a jugé convenable de placer à la fin des Alectorides, serait cependant mieux à sa place dans l'ordre des Passereaux près des Turdidés, avec lesquels les Cincles ont les plus grands rapports.

SEPTIÈME ORDRE.

ÉCHASSIERS PALMIPÈDES. — GRALLATORES PALMIPEDES (1).

FAMILLE XXXIX.

RÉCURVIROSTRIDÉS. — RECURVIROSTRIDÆ (2).

Genre 121. — *Récurvirostre.* — *Récurvirostra* (2).

TROCHILUS, Mœhr. — AVOCETTA, Briss.

FAMILLE XL.

PHÉNICOPTÉRIDÉS. — PHŒNICOPTERIDÆ.

Ces oiseaux ont des attributs mixtes : ils sont autant palmipèdes qu'échassiers ; des premiers ils ont les pieds palmés, des seconds les tarses, qui sont même démesurément élevés.

Genre 122. — *Flamant.* — *Phœnicopterus*, Lin.

Caractères : Bec plus long que la tête, plus haut que large, courbé brusquement vers le milieu, fléchi à sa pointe, à mandibule supérieure plus étroite que l'inférieure ; bords des mandibules garnis de fines lames transversales ; narines presque médianes, longitudinales, étroites, placées dans un sillon et couvertes d'une membrane operculaire. Ailes médiocres ; queue courte. Tarses très-longs ; doigts antérieurs, réunis jusqu'aux ongles par une membrane échancrée ; pouce court, élevé, ne touchant à terre que par le bout.

Les Flamants sont très-sociables, vivent toujours en famille et fréquentent les

---

(1) Voy. Dub., *lot. cit.*, p. CXXXIV.
(2) Ibidem, p. CXXXV.

plages inondées, les marais salins; ils se nourrissent de mollusques, de frai de poissons et d'insectes. Le mâle et la femelle ont le même plumage; cette dernière a seulement les couleurs moins vives; les jeunes ont une robe qui les distingue des adultes.

HUITIÈME ORDRE.

PINNATIPÈDES. — PINNATIPEDES (1).

FAMILLE XLI.

PHALAROPIDÉS. — PHALAROPIDÆ (2).

Genre 123. — Phalarope. — Phalaropus, Briss. (2).

TRINGA, Lin. — CRYMOPHILUS, Vieill. — LOBIPES, Cuv.

FAMILLE XLII.

FULICIDÉS. — FULICIDÆ (3).

Genre 124. — Foulque. — Fulica, Lin. (3).

GALLUNA, Lath. — LUPHA, Reichenb.

FAMILLE XLIII.

PODICEPIDÉS. — PODICEPIDÆ (4).

Genre 125. — Grébe. — Podiceps, Lath. (4).

COLYMBUS, Lin. — LOPHOAITIA, DYTES, PROCTOPUS, PEDETAITHYA, Kp.
— SYLBEOCYCLUS. — TACHYBAPTES, Reich.

---

(1) Voy. Dub., *loc. cit.*, p. CXXXV.
(2) Ibidem, p. CXXXVI.
(3) Ibidem, p. CXXXVII.
(4) Ibidem, p. CXXXVIII.

NEUVIÈME ORDRE.

PALMIPÈDES. — NATATORES (1).

FAMILLE XLIV.

COLIMBIDÉS. — COLYMBIDÆ.

Les Colimbidés se caractérisent par leurs tarses très-comprimés et réticulés, et par leurs doigts antérieurs, réunis par une palmure entière. Ils ont de grands rapports avec les Grèbes, auxquels plusieurs auteurs les ont réunis. Mais leurs caractères sont assez importants pour faire de ce groupe une famille spéciale.

Genre 126. Plongeon. — Colymbus, Lin. (2).

CEPPHUS, Mœhr. — MERGUS, Briss. — EUDYTES, Illig.

FAMILLE XLV.

PÉLÉCANIDÉS. — PELECANIDÆ (2).

Genre 127. — Frégate. — Tachypetes, Vieill.

PELECANUS, Lin. — FREGATA, Barr. — ATTAGEN, Mœhr.

Caractères : Bec plus long que la tête, robuste, droit, courbé à l'extrémité ; narines basales, courtes. Ailes très-longues, mais ne dépassant pas la queue ; celle-ci allongée, fourchue. Tarses très-courts, presque cachés par les plumes des jambes ; doigts libres sur près de la moitié antérieure, le médian beaucoup plus long que le tarse ; le pouce, bien que dirigé en dedans, n'est uni aux autres doigts que par une membrane rudimentaire ; ongles crochus.

Les Frégates se caractérisent par des tarses très-courts et des ailes démesurément longues : aussi ont-elles le vol excessivement rapide. Elles se nourrissent de

---

(1) Voy. Dub. *loc. cit.*, p. CXXXIX.
(2) Ibidem, p. CXLI.

poissons. Ces oiseaux se reposent généralement sur la pointe d'un rocher ou sur un arbre. Les deux sexes ont le même plumage; les jeunes ont un plumage particulier et la gorge plus ou moins emplumée.

Genre 128. — *Phaéton*. — *Phaëton*, Lin.

LEPTURUS, Mœhr. — TROPICOPHILUS, Leach.

Caractères : Bec de la longueur de la tête, robuste, comprimé latéralement, convexe en dessus, à mandibules presque égales, finement dentelées sur les bords, la supérieure légèrement inclinée à la pointe; narines basales, latérales, courtes. Ailes étroites, médiocrement allongées, aiguës; queue courte, conique, les deux rectrices médianes très-longues et étroites. Tarses très-courts; doigts médiocres, le médian plus long que le tarse.

Ce sont des oiseaux pélagiens, qui s'éloignent souvent à de très-grandes distances des côtes, pour aller nicher sur des îles rocheuses et désertes. Ils se reposent indifféremment sur les arbres et sur les rochers. Leur nourriture consiste en poissons et en mollusques. Le mâle et la femelle ont le même plumage; les jeunes ont une livrée particulière.

Genre 129. — *Anhinga*. — *Anhinga*, Briss.

PLOTUS, Lin.

Caractères : Bec plus long que la tête, grêle, droit, aigu, un peu comprimé, sans crochet terminal; narines courtes, placées dans une rainure étroite et peu allongée; face nue; tête petite; cou très-long. Ailes assez longues, aiguës; troisième rémige la plus longue; queue très-allongée, à rectrices très-larges. Tarses robustes; doigts longs, l'externe aussi long que le médian, mais ce dernier avec l'ongle plus fort.

Ces oiseaux sont propres aux régions tropicales, où ils vivent sur les fleuves qui traversent les vastes forêts vierges. Ils se nourrissent de poissons, de mollusques et d'autres animaux aquatiques. Les Anhingas passent la nuit sur les arbres et y font également leur nid. Les deux sexes ont le même plumage.

Genre 130. — *Pélican*. — *Pelecanus*, Lin.

ONOCROTALUS, Mœhr.

Caractères : Bec long, droit, large, très-déprimé; fendu jusqu'à l'angle postérieur des yeux; à mandibule supérieure très-aplatie, crochue et comprimée à l'extrémité ; à mandibule inférieure formée de deux branches flexibles, réunies à la pointe et donnant attache à une membrane très-dilatable, formant une poche gutturale; face nue; narines basales, ouvertes dans un sillon. Ailes longues, aiguës; queue médiocre, ample. Tarses courts, robustes ; membranes intergitales étendues jusqu'à l'extrémité des doigts.

Ce sont des oiseaux à formes lourdes, mais à vol assez léger. Ils nagent avec aisance, vivent, pêchent et nichent en société. Les deux sexes ont le même plumage; les jeunes diffèrent des adultes jusqu'à la troisième année.

Genre **131.** — *Fou.* — *Sula*, Briss. (1).

PELECANUS, Lin. — DYSPORUS, Ill. — MORUS, Vieill. — MORIS, Leach.

Genre **132.** — *Cormoran.* — *Cormoranus*, C. F. Dub. (2).

PHALACROCORAX, Briss. — PELECANUS, Lin. — CARBO, Lacep. — HALIEUS, Ill. — CULOSUS. Mont. — HYDROCORAX, Vieill. — GRACULUS, Gr.

FAMILLE XLVI.

PROCELLARIDÉS. — PROCELLARIDÆ (3).

Genre **133.** — *Albatros.* — *Diomedea*, Lin.

PLAUTUS, Klein. — ALBATRUS, Briss.

Caractères : Bec long, très-robuste, droit, comprimé ; mandibule supérieure à arête arrondie, sillonnée de chaque côté dans presque toute sa longueur, fléchie vers les deux tiers, puis relevée, ensuite recourbée et crochue à la pointe; mandibule inférieure droite, tronquée à son extrémité; tubes nasaux courts, couchés de chaque côté du bec, près de la base, dans un sillon latéral. Ailes très-longues, étroites,

---

(1) Voy. Dub., *loc. cit.*, p. CXLII.
(2) Ibidem, p. CXLIII.
(3) Ibidem, p. CXLIV.

aiguës ; queue médiocre, arrondie. Tarses courts, robustes ; doigt médian plus long que le tarse ; ongles faibles.

Les Albatros, malgré leur volume, ont le vol facile et rapide en même temps. Ils abandonnent peu la mer, et s'éloignent parfois à des distances énormes des côtes. Ils se nourrissent de poissons, de céphalopodes et de cadavres de mammifères marins. Les deux sexes ont le même plumage, mais les jeunes s'en distinguent notablement.

Genre 134. — Puffin. — Puffinus, Briss. (1).

PROCELLARIA, Lin. — NECTRIS, Forst. — CYMOTOMUS, Macg. — ARDENNA, Reich.

Genre 135. — Pétrel. — Procellaria, Lin. (2).

FULMARUS, DAPTION, Steph. — RHANTISTES, KP.

Genre 136. — Thalassidrome. — Thalassidroma, Vig. (2).

PROCELLARIA, Lin. — HYDROBATES, Boie. — OCEANITES, K. et Bl.

FAMILLE XLVII.

LARIDÉS. — LARIDÆ (3).

Genre 137. — Stercoraire. — Lestris, Illig. (3).

LARUS, Lin. — BUPHAGUS, Mœhr. — STERCORARIUS, Briss. — CATARACTA, Brün. — PRÆDATRIX, Vieill. — LABBUS, Raf. — COPROTHERES, Reich. — MEGALESTRIS, Bp.

Genre 138. — Mouette. — Larus, Lin. (4).

ROSSIA, Bp. — RHODOSTETIA, Macg. — GAVIA, Mœhr. — PAGOPHILA, Kp. — XEMA, Boie. — LAROIDES, Breh. — CHROICOCEPHALUS, Eyt.

Genre 139. — Hirondelle de mer. — Sterna, Lin. (4).

THALASSENS, STERNULA, Boie. — ÆTOCHELIDON, HYDROPROGNE, Kp. — PELECANOPUS, Wagl. — ANOUS, Leach. — NODDI, Cuv.

---

(1) Voy. Dub., *loc. cit.*, p. CXLIV.
(2) Ibidem, p. CXLV.
(3) Ibidem, p. CXLVI.
(4) Ibidem, p. CXLVII.

Genre 140.* — *Hydrochélidon.* — *Hydrochelidon , Boie. (1).

STERNA, Lin. — VIRALVA, Leach. — PELODES, Kp.

FAMILLE XLIII.

ALCIDÉS. — ALCIDÆ (1).

Genre 141.* — *Guillemot.* — *Uria , Moehr. (2).

COLYMBUS, Lin. — GRYLLE, LOMVIA, Brandt.

Genre 142.* — *Mergule.* — *Mergulus , Vieill. (2).

ALCA, Lin. — CEPPHUS, Cuv. — ARCTICA, Gr.

Genre 143.* — *Macareux.* — *Fratercula , Briss. (3).

ALCA, Lin. — MORMON, Ill. — LUNDA, Pall. — LARVA, Vieill.

Genre 144.* — *Starique.* — *Phalaris , Temm.

Caractères : Bec plus court que la tête, très-comprimé latéralement ; mandibule supérieure découpée à son extrémité ; narines latérales, placées vers le milieu du bec, linéaires, cloisonnées supérieurement et en arrière. Ailes médiocres ; première rémige la plus longue ; queue courte. Tarses courts ; pouce nul ; ongles crochus.

Les Stariques sont très-voisins des Macareux, avec lesquels ils ont beaucoup d'analogie et dont ils ont même les mœurs. Ils vivent par troupes dans les mers du nord de l'Asie et de l'Amérique.

Genre 145.* — *Alc.* — *Alca , Lin. (3).

CHENALOPEX, Mœhr. — PINGUINUS, Bonat. — UTAMANIA, Leach. — PLAUTUS, Kl.

---

(1) Voy. Dub., *loc. cit.*, p. CXLVIII.
(2) Ibidem, p. CXLIX.
(3) Ibidem, p. CXLX.

FAMILLE XLIX.

ANATIDÉS. — ANATIDÆ (1).

Genre 146. — Harle. — Mergus, Lin. (1).

MERGANSER, Briss. — MERGELLUS, Selby. — LOPHODYTES, Reich.

Genre 147. — Canard. — Anas, Lin. (2).

BOSCHAS, Sw. — TADORNA. Flem. — VULPANSER, K. et Bl. — CHAULIODUS, Sw. — CHAULELASMUS, Gr. — KTINORHYNCHUS, Eyt. — MARECA, Steph. — PENELOPE, Kp. — DAFILA, Leach. — QUERQUEDULA, Steph.

Genre 148. — Souchet. — Rhyncaspis, Leach. (2).

ANAS, Lin. — SPATULA, Boie. — CLYPEATA, Less.

Genre 149. — Morillon. — Fuligula, Steph. (3).

BRANTA, AYTHYA, Boie. — NETTA, PAGONETTA, Kp. — MERGOIDES, Eyt. — CALLICHEN, PLATYPUS, Breh. — NYROCA, OIDEMIA, Flem. — MARILA, Reich. — HARELDA, Leach. — CRYMONESSA, Macg. — ERIMISTURA, Ep.

Genre 150. — Eider. — Somateria, Leach. (4).

MACROPUS, Nut. — POLYSTICTA, Eyt. — STELLARIA, Bp. — ENICONETTA, Gr.

Genre 151. — Oie. — Anser, Barr. (4).

CHENALOPEX, BERNICLA, Steph. — CHEN, Boie.

Genre 152. — Cygne. — Cygnus, Lin. (2).

OLOR, Wagl.

---

(1) Voy. Dub. *lot. cit.*, p. CLI.
(2) Ibidem, p. CLII.
(3) Ibidem, p. CLIII.
(4) Ibidem, p. CLIV.
(5) Ibidem, p. CLV.

CONSPECTUS
AVIUM EUROPÆARUM.

Les espèces marquées d'un astérisque ont été observées en Belgique. — Les variétés climatériques ou races sont imprimées en italique et accompagnées d'une lettre grecque. — Les chiffres romains indiquent la série où l'espèce est figurée : I. les 3 volumes des *Oiseaux de la Belgique*, II. les 2 volumes des *Oiseaux de l'Europe*. — Les chiffres ordinaires placés après ceux-ci, indiquent le nᵒ de la planche *d'après les tables des matières*. — Afr. = Afrique ; Am. = Amérique ; As. = Asie ; As. min. = Asie mineure ; Austr. = Australie, austr — austral; bor. = boréal; c. = central; Eur. = Europe; fort. = accidentellement; hémisph. = hémisphère; m. = méridional; occ. = occidental; or. = oriental; sept. = septentrional; temp. = tempéré; var. fort. = variété accidentelle.

ORD. I. — ACCIPITRES.

TRIB. I. — ACCIPITRES DIURNI.

FAM I. — VULTURIDÆ.

SUBF. 1. — GYPAËTINÆ.

1. Gypaëtos, Storr. 1784.

  1. barbatus, *Tem.* ex *L.* . . . . Alpes; As.; Afr .II. 5

  α. occidentalis, Schl. . . . . Pyrenæi, Sardinia.

  ß. meridionalis, K. et Bl. . . . . *Afr. m.*

SUBF. 2. — SARCORAMPHINÆ.

2. Neophron, Savig. 1809.

  2. percnopterus, *Savig.* ex *L.* . . . . Eur. m.; As.; Afr. II. 1

  3. ? pileatus, *Gr.* ex *Burch* . . Afr.; fort. Corsica (*Breh., Paessl*). II. 1 a

SUBF. 3. — VULTURINÆ.

3. Otogyps, Gray, 1841.

  4. auricularis, *Gr.* ex *Daud.* . . . . *Afr. m.* II. 3

  ß. nubicus, Smith. . . . . Afr. sept.; fort. Eur. m.

4. Vultur, Mœhr. 1752, *nec* Lin. 1748 sed 1756.

  5. monachus, *L.* (cinereus, *Gm.*) . . . . . As. c.; Afr. or.; Eur. m. II. 4

5. Gyps, Savig. 1809.

6. fulvus, *Gr.* ex *Briss.* . . . . Afr. sept ; Eur. or., m.; As. occ. II. 2
   α. occidentalis, Schl. . . . . Eur. m.
   β. orientalis, Schl. . . . . Dalmatia, Turcia.
   γ. Kolbi, Daud. . . . . *Afr. m.*
   δ. indicus, Tem. . . . . *India.*
7. Ruppelli, *Bp* . . Afr. sept.; Cyclades, fort. Græcia (*Erhard*). II. 2 b. c.

FAM. II. — FALCONIDÆ.

SUBF. 4. — AQUILINÆ.

6. Haliaëtos, Savig. 1809.

8. ˙albicilla, *Leach.* ex *L.* . . . . Eur.; As. sept. I. 1
9. ? leucocephalus, *Less.* ex *L.* Am. sept.; fort. Eur. sept. (*Tem.*). II. 5 b. c.
10. leucoryphus, *K.* et *Bl.* ex *Pall.* . . . . . .As.; fort. Rossia. II. 5 e.

7. Pandion, Savig. 1809.

11. ˙haliaëtus, *Cuv.* ex *L.* . . . . . . Eur.; As.; Afr.; Am. sept. I. 2

8. Aquila, Barr. 1745, *nec* Briss. 1760.

12. ˙chrysaëtos, *Pall.* ex *L.* (*et fulva, L.*) . .Eur.; As.: Am. sept. I. 3. II. 6
13. mogilnik, *Gmel.* (imperialis, *Bechst.*) . . .As.; Afr.; Eur. or., m. II. 7
   β. bifasciata, Gr. . . . . *As. m.*
14. ˙nævia, *Briss.* . . . . Eur.; As.; Afr. sept. I. 4
   δ. clanga, Pall. . . . . Eur. or., m.; As. occ. II. 9
15. nævioides, *Kp.* ex *Cuv.* . . . . .Afr.; As.; fort. Gallia, Crimea. II. 10
16. fasciata, *Vieill.* (Bonellii, *Tem.*). . . . Eur. m.; As.; Afr. sept. II. 8
17. pennata, *Vig.* ex *Gmel.* . . . . Eur. m.; Afr. II. 11

SUBF. 5. — BUTEONINÆ.

9. Circaëtos, Vieill. 1816.

18. ˙gallicus, *Vieill.* ex *Gmel.* . . . . Eur.; As.; Afr. sept. I. 5

10. Buteo, G. Cuv. 1799-1800.

19. ˙vulgaris, *Ray* . . . . Eur.; As.; Afr. I. 6
20. desertorum, *Daud.* (Delalandi, *Des M.*) . . Afr.; fort. Eur. or. II. 12
21. ferox, *Thien.* ex *Gmel.* (leucurus, *Naum.*). . . . .Eur.; As.; Afr. II. 13
22. ? lineatus, Jard. ex Gm. . . . . . . .Am. sept.; fort. Scotia. II. 194

11. Archibuteo, Brehm, 1828.

23. ˙lagopus, *Brch.* ex *Gm.* . . . . Eur. sept., c.; As. sept. I. 7

12. Pernis, G. Cuv. 1817.

24. ˙apivorus, *Cuv.* ex *Ray* . . . . Eur.; As. occ.; Afr. sept. I. 8

SUBF. 6. — MILVINÆ.

13. Elanus, Savig. 1809.

    25. ˙cæruleus, *Strickl.* et *Jard.* ex *Desf.* . . . . Afr.; fort. Eur. I. 9

14. Milvus, G. Cuv. 1799-1800.

    26. ˙regalis, *Briss.* . . . . Eur.; As. I. 10
    27. ˙niger, *Briss.* (ater, *Gm.*). . . . . . .Afr. sept.; Eur. m., c. I. 11
    28. ægyptius, *Gr.* ex *Gm.* (parasiticus, *Lath.*). . . Afr.; Eur. or., m. II. 14
    29. govinda, *Sykes* . . . . As.; Turcia (*Alléon* et *Vian*). II. 195

15. Nauclerus, Vig. 1825.

    30. furcatus, *Vig.* ex *L.* . . . . Am. sept.; fort. Anglia. II. 15

SUBF. 7. — FALCONINÆ.

16. Falco, Lin. 1735.

    31. ˙gyrfalco, *L.* . . . . Eur. sept. fort. c. II. 19 a
      α. *norwegicus, Schl.* . . . . . . Scandinavia, Germania sept.
      β. *groenlandicus, Hanc* . . . . Groenlandia.
      γ. *islandicus, Brün.* . . . . Islandia. II. 19
    32. candicans, *Gmel.* . . . . Hemisph. bor. II. 18
    33. ˙peregrinus, *Briss.* (communis, *Gmel.*) . . Eur.; As.; Afr. sept. I. 13
      α. *anatum, Bp.* . . . . *Am.*
      β. *melanogenys, Gould* . . . . *Austr.*
      γ. *peregrinator, Sund.* . . . . *As.*
      δ. *minor, Bp.* . . . . *Afr. m.*
    34. barbarus, *L.* . . . . Afr. sept.; Eur. m. II. 196
    35. sacer, *Briss.* . . . . .As.; Eur. or. Il. 20 a
    36. lanarius, *L.* (Feldeggii, *Schl.*). . . . . . .Eur. or., m. II. 20
      α. *babylonicus, Scl.* (alphanet, *Schl.*). . . . Afr.; Græcia; Persia.
      β. *tanypterus, Licht.* . . . . *Nubia.*
      γ. *cervicalis, Licht.* . . . . *Afr. m.*
    37. eleonoræ, *Géné* . . . . Afr. sept.; Eur. m. II. 21
    38. concolor, *Tem.* . . . . Afr. sept. or.; fort. Hispania. II. 22
    39. ? ardosiaceus, *Vieill.* . Afr. sept.; fort. Hispania? (*C. F. Dubois*). II. 22 a
    40. ˙subbuteo, *L.* . . . . Eur.; As.; Afr. I. 14
      β. *frontatus, Gould.* . . . . *Austr.*
    41. ˙æsalon, *L.* . . . . Eur.; As.; Afr. sept. I. 15
    42. vespertinus, *L.* . . . . As.; Afr.; Eur. m., or. II. 17
    43. ˙alaudarius, *Gmel.* ex *Briss.* . . . . . Eur.; As.; Afr. sept. I. 12
    44. tinnunculoides, *Natt.* . . . . Eur. or., m.; As. occ.; Afr. sept. II. 16

SUBF. 8. — ACCIPITRINÆ.

17. Astur, Lacép. 1800.

    45. ˙palumbarius, *Bechst.* ex *L.* . . . . Eur.; As.; Afr. I. 18

18. **Accipiter,** Briss. 1760.

    46. ˙nisus, *Pall.* ex *L.* . . . . Eur.; As.; Afr. sept. I. 16, 17
       β. *rufiventris, Smith.* . . . . *Afr. m.*
       var. fort.: *major, Degl.* ex *Bech.* (*peregrinus, Brch.*) . . . . II. 23 a
    47. badius, *Strickl.* ex *Gm.* (Dussumieri, *Tem.*) . . Afr.; Eur. or. II. 23 b
    48. gabar, *Vig.* ex *Daud.* . . . . Afr.; fort. Lusitania. II. 23

SUBF. 9. — CIRCINÆ.

19. **Circus,** Lacép. 1800.

    49. ˙rufus, *Savig.* ex *Briss.* (æruginosus, *L.*) . . Eur.; As.; Afr. sept. I. 19
    50. ˙cyaneus, *Boie* ex *L.* . . . . Eur.; As.; Afr. sept. I. 21
    51. ˙Swainsonii, *Smith.* (pallidus, *Sykes.*) . Eur. or. fort. c.; As.; Afr. II. 24
    52. ˙cineraceus, *Naum.* ex *Mont.* (Montagui, *Vieill.*) . Eur.; As.; Afr. I. 20

TRIB. II. — ACCIPITRES NOCTURNI.

FAM. III. — STRIGIDÆ.

SUBF. 10. — SURNINÆ.

20. **Surnia,** Dum. 1806.

    53. ˙funerea, *Dum.* ex *L.* (Str. nisoria, *Bechst*). .Eur.; As., Am. sept. I. 22

21. **Glaucidium,** Boie, 1826.

    54. passerinum, *Bp.* ex *L.* (Strix pusilla, *Daud.*). Eur. sept.; Am. sept. II. 25

22. **Nyctea,** Steph. 1825.

    55. nivea, *Bp.* ex *Daud.* . . . . Hemisph. bor. II. 29

23. **Nyctale,** Brehm, 1831.

    56. ˙Tengmalmi, *Bp.* ex *Gm.* (funerea. *L.*) . . . . . .Eur. sept., c. I. 23
    57. ? acadica, *Bp.* ex *Gm.* . . . . Am. sept.; fort. Anglia (*Gray*).

24. **Athene,** Boie, 1822.

    58. ˙noctua, *Boie* ex *Retz.* . . . . Eur.; As. I. 24
       β. *meridionalis, Risso.* (persica, *Vieill.*). . Afr. sept.; As.; Eur. m. II. 26

SUBF. 11. — SYRNIINÆ.

25. **Syrnium,** Savig. 1809.

    59. ˙aluco, *Boie* ex *L.* . . . . Eur.; As.; Afr. sept. I. 26
    60. lapponicum, *Strickl.* et *Jard.* ex *Retz.* . . Eur. sept.; As. sept. II. 28
    61. ? nebulosum, *Gr.* ex *Forst.* . . . Am. sept.; fort. Eur. sept.? II. 27 a
    62. uralense, *Boie* ex *Pall.* . . . . Hemisph. bor. II. 27

SUBF. 12. — STRIGINÆ.

26. **Strix,** Lin. 1735.

    63. ˙flammea, *L.* . . . . Eur.; As.; Afr. I. 25
       a. *javanica, Gm.* . . . . *India or.*

β. *furcata, Tem.* . . . . *Cuba.*
γ. *perlata, Licht.* . . . . *Am. m.*
δ. *americana, Audub.* (*pratincola, Bp.*). . . . . . . *Am. sept.*
ε. *delicatula, Gould* . . . . *Austr.*

SUBF. 13. — BUBONINÆ.

27. Bubo, Dum. 1806.

    64. ˙maximus, *Flem.* ex *Sibb.* . . . . Eur.; As. sept. I. 27
        β. *scandiaca, L.* (*sibiricus, Eversm.*) . . . Sibiria; Eur. sept. II. 29 a
    65. ascalaphus, *Savig* . . . . .Eur. m.; As. min. II. 30

28. Asio, Briss. 1760.

    66. ˙otus, *Macg.* ex *L.* (Otus medius, *Dub.*) . . Eur.; As.; Afr. sept. I. 28
        β. *americanus, Bp.* . . . . *Am. sept.*
    67. ˙brachyotus, *Macg.* ex *Gm.* . . . . . .Eur.; As.; Afr. sept. I. 29 a
    68. capensis, *Strickl.* et *Jard.* ex *Smith.* . Afr.; fort. Hispania (*Kjärbölling*).

29. Scops, Savig. 1809.

    69. ˙Aldrovandi, *Willug.* (zorca, *Gm.*). . . . Eur.; As.; Afr. sept. I. 29 b
        α. *japonicus, Schl.* . . . . *As.*
        β. *senegalensis, Sw.* . . . . *Afr. m.*
    70. ? asio, *Less.* ex *L.* . . . . . . Am. sept.; fort. Anglia (*Yarrell*). II. 197

ORD. II. — PASSERES.

TRIB. I. — DEODACTYLI.

FAM. IV. — CAPRIMULGIDÆ.

30. Caprimulgus, Lin. 1756.

    71. ˙europæus, *L.* . . . . Eur.; As.; Afr. I. 30
    72. ruficollis, *Tem.* . . . . Afr.; Eur. m. II. 31

FAM. V. — CYPSELIDÆ.

31. Cypselus, Illig. 1811.

    73. ˙apus, *Ill.* ex *L.* (murarius, *M.* et *W.*). . . . . . Eur.; As.; Afr. I. 31
    74. melba, *Ill.* ex *L.* (alpina, *Scop.*). . . . . Eur. m.; Afr. II. 32

32. Chætura, Steph. 1825.

    75. ? caudacuta, *Cab.* et *H.* ex *L.* Austr.; fort. Anglia (*Newm., Gray*). II. 32 a

FAM. VI. — HIRUNDINIDÆ.

33. Chelidon, Boie, 1822.

    76. ˙urbica, *Boie ex L.* . . . . Eur.; As.; Afr. I. 32

34. Hirundo, Lin. 1735.

    77. ˙rustica, *Ray.* . . . . Eur.; As.; Afr. I. 34
      α. *cahirica, Licht.* (*Savignyi, Steph.*) . . . . Afr.; Eur. m. II. 34 a
      β. *rufa, Vieill.* . . . . Am. sept., c.
    78. daurica, *L.* . . . . As. c., m.; fort. Eur. or.
      α. *rufula, Tem.* . . . . Eur. m. II. 34
      β. *erythropygia, Sykes* . . . . India.
      γ. *japonica, Bp.* . . . . Japonia.
    79. ? senegalensis, *L.* . . . . Afr.; fort. Hispania (*Gould*). II. 35
    90. bicolor, *Vieill.* (viridis, *Wils.*) . Am. sept.; fort. Anglia (*Gray*). II. 35 b

35. Progne, Boie, 1826.

    81. ? purpurea, *Boie ex L.* . . . Am. sept.; acc. Anglia (*Yarrell*). II. 35 a

36. Cotyle, Boie, 1822.

    82. rupestris, *Boie ex Scop.* . . . . . Eur. m.; As. occ.; Afr. sept. II. 33
    83. ˙riparia, *Boie ex L.* . . . . Eur.; As.; Afr. sept. I. 33

FAM. VII. — MUSCICAPIDÆ.

SUBF. 1. — MUSCICAPINÆ.

37. Muscicapa, Briss. 1760, *nec* Lin. 1766.

    84. ˙nigra, *Briss.* (luctuosa, *Tem.*) . . . . Eur.; As. sept. I. 37
    85. ˙collaris, *Bechst.* (albicollis, *Tem.*). Eur. c., m.; As. or.; Afr. sept. 1. 36

38. Butalis, Boie, 1826.

    86. ˙grisola, *Boie ex L.* . . . . Eur.; Afr. sept. I. 35

39. Erythrosterna, Bonap. 1838.

    87. parva, *Bp. ex Bechst.* . . . . Eur. m., c.; As. c. II. 36

SUBF. 2. — VIREONINÆ.

40. Vireo, Vieill. 1807.

    88. ? olivaceus, *Vieill. ex L.* . . . . . . Am.; fort. Anglia (*Osw. Mosleys*).

FAM. VIII. — AMPELIDÆ.

41. Ampelis, Lin. 1735.

    89. ˙garrulus, *L.* . . . . Eur. sept., c.; As. sept. I. 38
    90. cedrorum, *Gr. ex Vieill.* . Am. sept.; fort. Anglia (*Newton*). II. 36 a

FAM. IX. — LANIIDÆ.

42. Lanius, Jonst. 1650. — Lin. 1756.

91. ˙excubitor, *L.* . . . . Eur. I. 42
92. ? ludovicianus, *L.* . . . . . . Am. sept.; fort. Anglia (*Tomes, Gray.*).
93. meridionalis, *Tem.* . . . . Afr. sept.; Eur. m. II. 39
94. ˙minor *Gm.* (nigrifrons, *Breh*) . Eur. m., c.; As. occ.; Afr. sept. I. 41
95. ˙collurio, *Jonst* . . . . Eur.; As. sept.; Afr. sept. I. 39
96. ˙rufus, *Briss.* (ruficeps, *Bechst.*) . . . . . Eur.; Afr. sept. I. 40
97. phœnicurus, *Pall.* . . . . . . As.; fort. Heligolandia (*Gaetke*). II. 38 a
98. nubicus, *Licht.* (personatus, *Tem.*) . . . . . . Afr.; Græcia. II. 38

43. Telephonus, Swains. 1837.

99. tschagra, *Bp.* ex *Vieill.* . . . . . Afr. sept.; fort. Hispania. II. 37

FAM. X. — CORVIDÆ.

SUBF. 3. — GARRULINÆ.

44. Pica, Briss. 1760.

100. cyanea, *Wagl.* ex *Pall.* . . . . . Eur. m.; Afr. sept.; As. or. II. 40
101. ˙caudata, *L.* . . . . Eur.; As.; Afr. sept. I. 43

45. Garrulus, Briss. 1760.

102. ˙glandarius, *Vieill.* ex *L.* . . . . Eur.; As. sept. I. 44
  α. *Krynicki, Kal.* . . . . Caucasus, As. min.; Rossia m.
  β. *Brandtii, Eversm.* . . . . *Sibiria.*
  γ. *japonicus, Schl.* . . . . *Japonia.*
  δ. *melanocephalus, Bonel.* . . . . *Algeria; Syria.*
  ε. *minor, Verr.* . . . . *Afr.* II. 41 b

46. Perisoreus, Bonap. 1831.

103. infaustus, *Bp.* ex *L.* . . . . Eur. sept.; As. sept. II. 42

SUBF. 4. — CORVINÆ.

47. Corvus, Lin. 1735-58.

104. ˙corax, *L.* . . . . · . . . . Eur.; As. sept. I. 45
  β. *leucophœus, Vieill.* . . . . Feroë.
105. ˙corone, *L.* (nigra, *Kl.*) . . . . Eur.; As. I. 46
106. ˙cinereus, *Leach* ex *Briss.* (cornix, *L.*) . . . . Eur.; As. I. 46
107. ˙frugilegus, *L.* ex *Briss.* . . . . Eur.; As. occ. I. 47
108. ˙monedula, *L.* (Monedula turrium, *Breh.*) . . . Eur.; As. occ. I. 47

48. Pyrrhocorax, Vieill. 1816.

109. alpinus, *Vieill.* . . . . Alpes, Pyrenæi; As. II. 43

49. Fregilus, Cuv. 1817.

110. ˙graculus, *Cuv.* ex *L.* . . . . Eur.; As. sept. I. 48

50. **Nucifraga,** Briss. 1760.

    111. ˙caryocatactes, *Tem.* ex *L.* . . . . . Eur. sept., c.; As. sept. I. 49
    β. brachyrhyncha, Breh. . . . . Suecia; Laponia

FAM. XI. — ORIOLIDÆ.

51. **Oriolus,** Lin. 1766.

    112. ˙galbula, *L.* . . . . Eur.; As. sept.; Afr. sept. I. 51

FAM. XII. — STURNIDÆ.

SUBF. 5. — STURNINÆ.

52. **Pastor,** Tem. 1815.

    113. ˙roseus, *Tem.* ex *L.* . . . . . . Eur. c., m.; As. occ.; Afr. I. 53

53. **Sturnus,** Jonst. 1650. — Lin. 1756.

    114. ˙vulgaris, *Jonst.* . . . . Eur.; As. temp.; Afr. sept. I. 52
    β. unicolor, Marm. . . . . Eur. m. II. 44

54. **Sturnella,** Vieill. 1816.

    115. ? magna, *Sw.* ex *L.* . . . . Am. sept.; fort. Anglia (*Sclater*). II. 44 a

SUBF. 6. — AGELAINÆ.

55. **Agelaius,** Vieill. 1816.

    116. ? phœniceus, *Vieill.* ex *L.* . . Am. sept.; fort. Anglia (*Yarrell*). II. 43 a

FAM. XIII. — CINCLIDÆ.

56. **Cinclus,** Bechst. 1803.

    117. ˙aquaticus, *Bechst.* . . . . Eur. c., m. I. 214
    α. melanogaster, Breh. . . . . Eur. sept.
    β. leucogaster, Eversm . . . . *Sibiria.*
    118. Pallasii, *Tem.* . . . . . As.; fort. Heligolandia (*Gaetke*). II. 198

FAM. XIV. — TURDIDÆ.

SUBF. 7. — TURDINÆ.

57. **Turdus,** Aldrov. 1610. — Lin. 1735 (1).

    119. ˙merula, *L.* . . . . Eur.; As. occ.; Afr. sept. I. 58
    120. ˙torquatus, *L.* . . . . Eur.; As. occ.; Afr. sept. I. 60
    121. sibiricus, *Pall.* . . . . . . As. sept.; fort. Germania, Gallia. II. 46

---

(1) *Turdus olivaceus, L.,* non in Italià captus fuit. — Vide : *Salvadori, Stud. int. ai lavori ornit. del prof. de Filippi* (atti Acad. Torin. 1868).

122. ˙varius *Pall.* (aureus, *Holl.*) . . As. c., sept.; Eur. c., sept. I. 54 a
123. ˙viscivorus, *Aldrov.* . . . . Eur. I. 54
124. ˙pilaris, *Aldrov.* . . . . Eur.; As., sept. I. 55
125. ˙atrigularis, *Tem.* . . . . As. sept.; Eur. c., sept. I. 59
126. ruficollis, *Pall.* . . . As. sept.; fort. Heligolandia (*Gaetke*). II. 45
127. ˙Naumanni, *Tem.* (var. cl.?) . . . . . As. occ.; Eur. or., c. I. 55 b
128. ˙fuscatus, *Pall.* . . . . . As. sept.; fort. Germania, Belgium. I. 55 a
129. ˙iliacus, *L.* . . . . Eur.; As. sept.; Afr. sept. I. 57
130. ˙musicus, *L.* . . . . Eur.; As.; Afr. sept. I. 56
131. solitarius, *Wils.* . . . . Eur. sept.; fort. Germania, Helvetia. II. 50
132. ˙minor, *Gm.* . . . . Am. sept.; fort. Eur. I. 56 b
133. Wilsonii, *Sw.* . . . . Am. sept.; fort. Eur. (1). II. 49
134. migratorius, *L.* . . . . Am. sept.; fort. Germania (*Naum.*). II. 48
135. ˙pallidus, *Gm.* . . . . As. m., or.:˙fort. Eur. I. 56 a
136. pallens, *Pall.* . . . . As. sept.; fort. Germania (*Naum.*).

58. **Mimus,** Boie, 1826.
137. carolinensis, *Gr.* ex *L.* (Turdus felivox, *Vieill.*). Am. sept.; fort. Heligolandia (*Gaetke*). II. 47

59. **Toxostoma,** Cab. 1847.
138. rufum, *Cab.* ex *L.* . . As. sept.; fort. Heligolandia (*Gaetke*). II. 51

60. **Ixos,** Tem.
139. ? aurigaster, *Blas.* ex *Vieill.* . . . . . Afr.; fort. Hibernia (*Yarrell*).
140. obscurus, *Tem.* . . . . Afr. sept.; fort. Hispania. II. 52

SUBF. 8. — SAXICOLINÆ.

61. **Petrocincla,** Vig. 1825.
141. ˙saxatilis, *Vig.* ex *L.* . . . . Eur. c., m. I. 61
142. cyanea, *K.* et *Bl.* ex *L.* . . . . . . Eur. m.; Afr. sept. II. 53

62. **Saxicola,** Bechst. 1803.
143. ˙œnanthe, *Bechst.* ex *L.* . . . . . . Eur.; As.; Afr. sept. I. 62
 β. saltator, *Ménét.* . . . . . As. occ.;Afr. or.; Eur. or. II. 55 a
144. stapazina, *Tem.* ex *Gm.* . . . . As.; Afr.; Eur. m. II. 56
145. rufescens, *Bl.* ex *Briss.* (aurita, *Tem.*). . . As.; Afr.; Eur. m. II. 57
146. gutturalis, *Licht.* . . . . Afr.; As.; fort. Rossia (*Blasius*).
147. leucomela, *Tem.* ex *Pall.* . . . . As. occ.; Eur. or. II. 55
 β. lugens, *Licht.* . . . . Afr.; fort. Græcia.
148. leucura, *K.* et *Bl.* ex *Gm.* . . . . . . As.; Afr.; Eur. m. II. 54

63. **Pratincola,** Koch, 1816.
149. ˙rubetra, *Koch* ex *L.* . . . . . . Eur.; As. occ.; Afr. sept. I. 63
150. ˙rubicola, *Koch* ex *L.* . . . . Eur.; As.; Afr. sept. I. 64

---

(1) Nec Belgium.

FAM. XV. — SYLVIIDÆ.

SUBF. 9. — ERYTHACINÆ.

64. Ruticilla, Brehm, 1828.
151. ˙phœnicura, *Bp.* ex *L.* . . . . . . Eur.; As. occ.; Afr. sept. I. 65
152. erythrogastra, *Breh.* ex *Güld* . . . . Eur. or.; As. occ. II. 58
  β. aurorea, *Breh.* . . . . *As. or., Japonia.* II. 58
153. erythronotha, *Eversm* . . . . . . As.; fort. Rossia (*Eversmann*).
154. ˙tithys, *Breh.* ex *Scop.* (atrata, *Breh.*). . . . Eur.; As.; Afr. I. 66
  β. *Cairii, Gerbe.* . . . . Alpes. II. 59
155. ? Moussieri, *Tristr.* . . Algeria; fort. Hispania (*Olph — Gall.*). II. 60

65. Cyanecula, Brehm, 1828.
156. ˙succica, *Breh.* ex *L.* . . . . Eur.; As.; Afr. sept. I. 67
  β˙ *cærulecula, Bp.* ex *Pall.* . . . . Sibiria occ.; fort. Eur. I. 67 b
  var. fort.: *obscurus, Breh.* et *Wolfii, Breh.* . . . . . . I. 67 a

66. Erythacus, Cuv. 1799-1800.
157. ˙rubecula, *Macg.* ex *L.* . . . . . . Eur.; As. sept.; Afr. sept. I. 68

67. Calliope, Gould, 1836.
158. camtschatkensis, *Str.* ex *Gm.* As. sept., or.; fort. Rossia, Gallia. II. 61

68. Philomela, Selby, 1833.
159. ˙luscinia, *Selb.* ex *L.* . . . . . Eur.; As. occ.; Afr. sept. I. 69
160. major, *Breh.* . . . . Eur. or.; As occ.; Afr. sept. II. 62

SUBF. 10. — ACCENTORINÆ.

69. Accentor, Bechst. 1803.
161. ˙alpinus, *Bechst.* ex *Gm.* . . . . Eur. m., c.; As. occ. I. 70
162. ˙modularis, *Bechst.* ex *L.* . . . . Eur.; As. occ. I. 71
163. montanellus, *Tem.* ex *Pall.* . . . . . As. occ., sep.; Eur. or. II. 63

SUBF. 11. — SYLVIINÆ.

70. Sylvia, Scop. 1769, *nec* Lath. 1790.
164. ˙atricapilla, *Scop.* ex *L.* . . . . . . Eur.; As. occ.; Afr. sept. I. 72
165. ˙hortensis, *Lath.* ex *Gm.* . . . . Eur. I. 73
166. ˙garrula, *Bechst.* ex *Briss.* . . . Eur. c., m.; As.; Afr. sept. I. 74
167. ˙orphea, *Tem.* . . . . Eur. c., m.; Afr. sept. I. 72 a
168. ˙cinerea, *Lath.* ex *Briss.* . . . . Eur.; As. occ.; Afr. sept. I. 74
169. subalpina, *Bonel.* . . . . Eur. m., or.; Afr. sept. II. 67
170. conspicillata, *Marm.* . . . . Eur. m.; As. occ. II. 68
171. nisoria, *Bechst.* . . . . Eur.; Afr. sept. II. 64
172. Ruppellii, *Cretschm.* . . . . . Afr.; As. occ.; fort. Græcia. II. 66
173. melanocephala, *Lath.* ex *Gm.* . . . . Afr.; Eur. m. II. 65

71. **Melizophilus**, Leach, 1816.
    174. provincialis, *Jen.* ex *Gm.* . . . . . Eur. m., occ.; Afr. sept. II. 70
      β. *sarda, Marm.* . . . . Eur. m. II. 69

72. **Rhimamphus**, Rafin. 1819.
    175. virens, *Cab.* ex *Lath.* . Am. sept.; fort. Heligolandia (*Gaetke*). II. 73

73. **Hypolais**, Brehm, 1828.
    176. ˙icterina, *Gerbe* ex *Vieill.* (salicaria, *Bp.*) . . . . Eur. I. 78
    177. ˙polyglotta, *Gerbe* ex *Vieill.* . . . . . Eur. m., Afr. sept. I. 78 a
    178. olivetorum, *Gerbe* ex *Strickl.* . . . . Eur. or., m.; As. occ. II. 72
    179. pallida, *Gerbe* . . . . Afr. sept.; fort. Eur. m. II. 71
    180. elæica, *Gerbe* ex *Linderm* . . . . . . Afr. sept.; Eur. or. II. 72 a

74. **Ædon**, Boie, 1826.
    181. galactodes, *Boie* ex *Tem.* . . Eur. or., m.; As. occ.; Afr. sept. II, 74
      β. *familiaris, Mén.* . . . . Eur. m., or.; As. occ. II. 74 a

75. **Iduna**, Keys. et Blas. 1840.
    182. salicaria, *Blas.* ex *Pall.* (Calamoh. caligata, *Degl.*) Sibiria; Eur. or. II. 75 a

76. **Calamoherpe**, Boie, 1826.
    183. ˙turdoides, *Boie* ex *Mey.* (turdina, Schl.) . . . Eur.; Afr.; As. I. 81
    184. ˙arundinacea, *Boie* ex *Gm.* . . . . Eur. c. m. I. 80
      β. *horticola, Naum.* . . . . Eur. c. m.
      var. fort.: *obscurocapilla, C. F. Dub.* . . . . I. 79 b
    185. ˙palustris, *Boie* ex *Bechst.* . . . . Eur. c., m. I. 82

77. **Lusciniopsis**, Bonap. 1842.
    186. ˙luscinoides, *Blas.* ex *Savi.* . . . . Eur. c., m. I. 79 a
    187. fluviatilis, *Bp.* ex *Mey.* et *W.* . . . Eur. or., m.; Afr. sept. II. 199

78. **Cettia**, Bonap. 1838.
    188. cetti, *Degl.* ex *Marm.* . . . . Eur. m. II. 77

79. **Lusciniola**, Gray, 1841.
    189. melanopogon, *Gr.* ex *Tem.* . . . . Eur. m. II. 75

80. **Locustella**, Kaup, 1829.
    190. ˙nævia, *Degl.* ex *Briss.* (Calamoherpe locustella, *Boie.*). Eur. c., m. I. 79
    191. lanceolata, *Bp.* ex *Tem.* . . . . . As.; fort. Sardinia (*Durazzo*).
    192. certhiola, *mihi* ex Pall. . As. sept.; fort. Heligolandia (*Gaetke*). II. 78

81. **Calamodyta**, Mey. 1822.
    193. ˙schœnobaenus, *Bp.* ex *L.* (phragmitis, *Bechst.*). Eur.; As.; Afr. sept. I. 82
    194. ˙aquatica, *Bp.* ex *Lath.* . . . . Eur. c., m.; Afr. sept. I. 83

82. **Cisticola**, Kaup, 1829.
    195. schœnicola, *Bp.* (Calamoherpe cisticola, *C. F. Dub.*). Eur. m.; Afr. sept. II. 76

SUBF. 13. — TROGLODYTINÆ.

83. **Troglodytes,** Vieill. 1807.

196. ˙parvulus, *Koch,* (vulgaris, *Tem.*). . . . Eur.; As.; Afr. sept. I. 75
    β. borealis, *Fisch.* . . . . Eur. sept.

SUBF. 14. — PHYLLOPNEUSTINÆ.

84. **Ficedula,** Briss. 1760.

197. ˙trochilus, *K.* et *Bl.* ex *L.* (fitis, *Koch.*). . Eur.; As.; Afr. sept. I. 76 a
    β. *Eversmanni, Bp.* . . . . Eur or.
198. ˙rufa, *Koch* ex *Briss.* . . . . Eur.; Afr. sept. I. 76
199. ˙sylvicola, *C. F. Dub.* ex *Lath* . . . . . Eur. c., m.; Afr. sept. I. 77
200. Bonellii, *K.* et *Bl.* ex *Vieill.* . . . . Eur. c., m.; Afr. sept. I. 76 a
201. borealis, *mihi* ex *Blas.* (Eversmanni, *Midd.*). As. sept.; fort. Heligolan-
    dia (*Gaetke*).
202. superciliosa, *mihi* ex *Gm.* . . . . As.; fort. Eur. sept. II. 83

SUBF. 15. — REGULINÆ.

85. **Regulus,** Cuv. 1799-1800.

203. calendula, *Licht.* ex *L.* . . Am. sept.; fort. Anglia (*Gray*). II. 82 a
204. ˙cristatus, *Koch* (vulgaris, *Leach.*). . . . . . Eur.; As. sept. I. 88
205. ˙ignicapillus, *Naum.* ex *Breh.* . . . . Eur. c., m.; Am. sept. I. 89

FAM. XVI. — PARIDÆ.

86. **Parus,** Aldrov. 1610. — Lin. 1735.

206. ˙major, *Aldrov.* . . . . Eur.; As. sept. I. 87
207. ˙ater, *Aldrov.* (abietum, *Breh.*). . . . . Eur.; As. occ., sept. I. 86
208. ˙cæruleus, *Aldrov.* . . . . Eur.; Afr. sept. I. 87
    β. *ultramarinus, Bp.* . . . . *Afr.*
209. cyanus, *Pall.* . . . . Eur. sept.; As. sept. II. 81
210. ˙cristatus, *Aldrov.* . . . . Eur. I. 86

87. **Pœcile,** Kaup. 1829.

211. ˙palustris, *Kp.* ex *Aldrov.* . . . . Eur.; As. occ. I. 86
    α. *communis, Gerbe* ex *Baldenst.* . . . . Eur. c., m.
    β. *borealis, de Selys* . . . . Islandia.
    γ. *alpestris, Baill.* . . . . Eur. m., c.
212. cinctus, *Gr.* ex *Bodd.* (sibiricus, *Gm.*). . . Eur. sept.; Sibiria. II. 79
213. lugubris, *Kp.* ex *Natt.* . . . . Eur. or. II. 80

88. **Orites,** Moehr. 1752.

214. ˙caudatus, *Gr.* ex *Aldrov.* . . . . Eur.; As. occ. I. 85

89. Panurus, Koch, 1816.

215. ˙barbatus, *Blas.* ex *Briss.* (biarmicus, *L.*). . . . . Eur. c., m. I. 84

90. Ægithalus, Boie, 1822. — Vig. 1825.

216. pendulinus, *Boie* ex *L.* . . . . Eur. or., m. II. 82

FAM. XVII. — MOTACILLIDÆ.

SUBF. 16. — MOTACILLINÆ.

91. Motacilla, Lin. 1735.

217. ˙cinerea, *Briss.* (alba, *L.*). . . . . Eur.; As.; Afr. sept. I. 90
   β. ˙ *lugubris, Tem.* (*Yarrellii, Gould.*) . . . . Eur. occ. I. 91
218. ˙boarula, *Penn.* . . . . . Eur. c., m.; As. occ.; Afr.sept. I. 92

92. Budytes, Cuv. 1817.

219. citreola, *Bp.* ex *Pall.* . . . . Eur. or.; As. II. 84
220. ˙flava, *Bp.* ex *L.* . . . . Eur.; Afr. sept. I. 93
  α. ˙ *melanocephala, Ménét.* ex *Licht.* . . . Eur.; As.; Afr. sept. I. 94
  β. borealis, *Sund.* . . . . Eur. sept.
  γ. ˙ *cinereocapilla, Bp.* ex *Savi* . Eur. c., m.; Afr. sept.; As. occ. I. 93 a
  δ. ˙ *campestris, Pall.* (*flaveola, Tem.*) . . . . . Eur. c., occ. I. 94 a

SUBF. 17. — ANTHINÆ.

93. Anthus, Bechst. 1803.

221. ˙spinoletta, *Bp.* ex *L.* (aquaticus, *Bechst.*) . . . Eur.; Afr. sept. I. 95
  β ˙ *obscurus, K.* et *Bl.* ex *Pen.* (*rupestris, Nils.*). Eur. occ. sept. I. 95 a
222. pensylvanicus, Gerb. ex *Briss.* (ludovicianus, *Gm.*). Am. sept.; fort. Heli-
           golandia (*Gaetke*). II. 85
223. ˙pratensis, *Bechst.* ex *L.* . . . . . Eur.; As. occ.; Afr. sept. I. 97
  β ˙ *cervinus, K.* et *Bl.* ex *Pall.* . . . Eur. m. c.; As.; Afr. sept. I. 97 a
224. ˙arboreus, *Bechst.* ex *Briss.* . . . . . Eur.; As.; Afr. sept. I. 98

94. Agrodroma, Swains. 1837.

225. ˙campestris, *Sw.* ex *Briss.* . Eur. c., m.; As. occ.; Afr. sept. I. 96 a
226. ˙Richardi, *Blas.* ex *Vieill.* . . . . . Eur.; As. occ.; Afr. sept. I. 96

FAM. XVIII. — ALAUDIDÆ.

95. Alauda, Lin. 1735.

227. ˙arvensis, *L.* . . . . Eur.; As.; Afr. sept. I. 101
  β. *cantarella, Bp.* . . . . I. 101 a
228. ˙arborea, *Ray* . . . . Eur.; As. occ.; Afr. sept. I. 100
229. ˙brachydactyla, *Leisl* . . . . Eur. m., c.; As.; Afr. sept. I. 101 b
230. pispoletta, *Pall.* . . . . As.; Rossia. II. 200
231. lusitana, *Gmel.* (isabellina, *Tem.*) . . . Afr.; fort. Eur. m. II. 88
232. Duponti, *Vieill.* . . . . . . As. occ.; Afr. sept.; fort. Eur. m. II. 86

96. Galerida, Boie, 1828.

233. ˙cristata, *Boie ex L.* . . . . Eur.; Afr. sept. I. 100
    β. *theclœ, Breh.* . . . . Eur. m.

97. Otocoris, Bonap. 1839.

234. ˙alpestris, *Bp. ex L.* . . . . Eur. sept., fort. c.; As. sept. I. 99
235. albigula, *Bp. ex Brandt.* . . . . As. occ.; fort. Eur. or. II. 201
236. bilopha, *Gr. ex Tem.* As. occ.; Afr. sept.; fort. Hispania (*Lilleford,*). II. 202

98. Melanocorypha, Boie, 1828.

237. ˙calandra, *Boie ex L.* . . . Eur. m. c.; As. occ.; Afr. sept. I. 102
238. ˙tatarica, *Boie ex Gm.* . . As. sept.; Rossia; fort. Belgium. I. 102 a
239. ˙sibirica, *Boie ex Gm.* . . . As. sept., Eur. or.; fort. Belg. I. 102 b

99. Certhilauda, Swains. 1827.

340. desertorum, *Bp. ex Stanl.* . . . . Afr.; As. occ.; fort. Eur. m. II. 87

FAM. XIX. — FRINGILLIDÆ.

SUBF. 18. — EMBERIZINÆ.

100. Plectrophanes, Mey. 1822.

241. ˙lapponica, *Selb. ex L.* . . . . Eur. sept.; As. sept. I. 103
242. ˙nivalis, *Mey. ex L.* . . . . Hemisph. bor.; Eur. c. I. 104-5

101. Miliaria, Brehm, 1828.

243. ˙europæa, *Sw.* (Emberiza miliaria, *L.*) . . . . . Eur.; As. occ. I. 106

102. Emberiza, Lin. 1748.

244. aureola, *Pall* . . . . As. occ.; Eur. or., m. II. 90
245. melanocephala, *Scop* . . . . Eur. m.; Asia minor. II. 89
246. ˙citrinella, *L.* . . . . Eur. I. 107
247. ˙cirlus, *L.* . . . . Eur. m., fort. c.; As. occ. I. 109
248. ˙cia, *L.* . . . . Eur. m., fort. c.; As. occ. I. 110
249. ? cioides, *Brandt* . . Sibiria occ.; Japonia; fort. Eur. or. (*Bonaparte*).
250. pityornis, *Pall.* (leucocephala, *Gm.*). Sibiria; fort. Eur. or., m. II. 94
251. ˙hortulana, *L.* . . . . Eur. c., m.; As. occ. I. 108
252. cæsia, *Cretzschm.* (rufibarbata, *Ehr.* et *H.*). . . Afr.; Eur. m. II. 92
253. chrysophrys, *Pall.* . . . . . As. sept.; fort. Gallia (*Degland*). II. 91
254. ˙chœniclus, *L.* . . . . Eur.; As. sept. I. 111
    var. fort.: *pyrrhuloides, Pall.* . . . . Eur. m.; Ass. occ. II. 97
255. pusilla, *Pall.* . . . . As. sept.; Eur. sept. II. 96
256. rustica, *Pall.* . . . . As. sept.; Eur. or., m. II. 95

103. Fringillaria, Swains. 1833.

257. ? striolata, *Cretzschm. ex Licht.* Afr. sept.; fort. Hispaniá, (*Temminck,*
    Bonap.). II. 93

SUBF 19. — FRINGILLINÆ.

104. Passer, *Aldrov.* 1610, *nec* Briss. 1760.
    258. ˙domesticus, *Aldrov.* . . . . Eur.; As.; Afr. I. 113
    α. italiæ, Vieill. *(cisalpina, Tem.)* . . . . Italia. II. 98
    β. salicicola, Vieill. *(hispaniolensis, Tem.).* . . Eur. m.; Afr. sept. II. 99
    259. ˙montanus, *Aldrov.* . . . . Eur.; As. sept. I. 112
    260. ˙petronia, *Degl.* ex *L.* . . . . . . Eur. m., c.; As. occ. I. 114

105. Chloris, Moehr. 1752.
    261. ˙flavigaster, *Sw.* (Ligurinus chloris, *Koch.*). . . . Eur.; As. occ. I. 115

106. Fringilla, Lin. 1735.
    262. ˙cœlebs, *L.* . . . . Eur.; As. sept.; Afr. sept. I. 126
    α. Moreletti, Puch. . . . . Açores. II. 105 b
    β. spodiogena, Bp. . . . . Afr. sept.; fort. Gallia (*Gerbe*).
    263. ˙montifringilla, *L.* . . . . Eur.; As. sept. I. 127

107. Montifringilla, Brehm, 1828.
    264. nivalis, *Breh.* ex *Briss.* . . . . Eur. m. II. 105
    β. alpicola, Pall. . . . . Sibiria; fort. Eur. or.
    265. ? arctoa, *Cab.* ex *Pall.* . . As. sept.; fort. Eur. or. (*Bonap.*). II. 105 a

108. Serinus, Koch, 1816.
    266. ˙meridionalis, *Breh.* . . . . As. occ.; Afr. sept.; Eur. m., c. I. 116
    267. pusillus. *Brandt* ex *Pall.* . . . . . . As. occ.; Eur. or. II. 101

109. Erythrospiza, Bonap. 1838.
    268. githaginea, *Bp.* ex *Licht.* . . . . . As. occ.; Afr. sept. fort. Græcia,
                                      Italia. II. 103
    269. ? rhodoptera, *Bp.* ex *Licht.* . . . . . . As. occ.; Eur. or. (*Bonap.*)

110. Uragus, Keys. et Blas. 1840.
    270. ? sibiricus, *K.* et *Blas.* ex *Pall.* . As.; fort. Eur. or. (*Bonap.*). II. 102

111. Carpodacus, Kaup, 1829.
    271. rubicilla, *Bp.* et *Schl.* ex *Guld.* . . . As. occ.; fort. Eur. or. II. 104
    272. ˙erythrinus, *Gr.* ex *Pall.* . . . As. occ., c.; Eur. or. fort. c. I. 117
    273. roseus, *Kp.* ex *Pall.* . . Sibiria; fort. Eur. or.; Heligolandia. II. 99 a
    274. ? rhodochlamys, *Bp.* ex *Brandt.* . . Sibiria; fort. Eur. or. (*Bonap.*).

112. Linaria, Bechst. 1803.
    275. ˙cannabina, *Bechst.* ex *L.* . . . . . . Eur.; As.; Afr. sept. I. 124
    276 ˙flavirostris, *Bechst.* ex *L.* . . . . . Eur. sept., c.; As. occ. I. 125

113. Carduelis, Barr. 1745.
    277. ˙elegans, *Steph.* . . . . Eur.; As. occ. I. 129
    278. ? orientalis, *Bp.* ex *Eversm.* . . . . . . As.; Eur. or. (*Bonap.*).

114. **Chrysomitris**, Boie, 1828.

279. ˙spinus, *Boie* ex *L.* . . . .　　Eur.; As. sept. I. 128

115. **Citrinella**, Bonap. 1838.

280. alpina, *Bp.* ex *Scop.* . . . . , .　　Eur. m. II. 106

116. **Acanthis**, Keys. et Blas. 1840.

281. ˙linaria, *Bp.* ex *L.* . . . . Hemisph. bor.; Eur. c. I. 131
α. ˙*rufescens, Vieill.* . . . . As. sept.; Eur. sept., c. I. 132
β. ˙*Holböllii, Breh.* . . . . . ˙ . . . . . . Eur. sept., c. I. 130
γ. *lanceolata, de Scl. (groenlandica, Bp.).* . . . .*Am. bor.*
282. canescens, *Bp.* ex *Gould.* . Am. sept.; fort. Eur. sept. (1). II. 106 a

SUBF. 20. — PYRRHULINÆ.

117. **Pyrrhula**, Moehr. 1752.

283. ˙rubicilla, *Pall.* (vulgaris, *Tem.*) . . . . . . .Eur.; As. sept. I. 123
β. ˙*coccinea, de Selys* . . . . . Eur. sept., c.; As. sept., or. I. 123 a

118. **Strobilophaga**, Vieill. 1816.

284. ˙enucleator, *Vieill.* ex *L.* . . Hemisph. bor.; fort. Eur. c. I. 121

SUBF. 21. — LOXIINÆ.

119. **Loxia**, Lin. 1758.

285. ˙curvirostra, *L.* . . . . Eur.; As. sept. I. 119
β. *americana, Wils* . . . . Am. sept.; fort. Anglia (*Yarrell*).
286. ˙pityopsittacus, *Bechst* . . . . Eur. I. 118
287. leucoptera, *Gm.* . . . . Am. sept.; fort. Anglia (*Yarrell*).
β. ˙*bifasciata, Nilss.* ex *Brch.* (*tænioptera, Glog.*) Eur. sept., fort. c.;
As. sept. I. 120

SUBF. 22. — COCCOTHRAUSTINÆ.

120. **Coccothraustes**, Briss. 1760.

288. ˙vulgaris, *Pall.* . . . . .Eur.; As.; Afr. sept. I. 122
289. ? carneipes, *Hodgs* (speculigera, *Brandt*). As. sept.; fort. Eur. sept.(*Bp.*).

FAM. XX. — CERTHIIDÆ.

SUBF. 23. — CERTHIINÆ.

121. **Certhia**, Lin. 1735.

290. familiaris, *L.* (Costæ, *Bail.*, Nattereri, *Bp.*). . . Scandinavia, Alpes.
β. ˙*brachydactyla, Breh.* (*familiaris, auct.*). . . . . . . Eur. I. 133

122. **Tichodroma**, Illig. 1811.

291. ˙muraria, *Ill.* ex *L.* (phœnicoptera, *Tem.*). Eur. m., c.; As. occ. I. 134

---

(1) Nec Belgium.

123. Sitta, Lin. 1735.

292. europæa, *L.* . . . . Eur. sept.; As. sept.
  β. ˙ *cœsia, Mey.* et *W.* . . . . Eur. c., m. I. 135
  γ. *sibirica, Pall.* (*uralensis, Licht*) . . . . *Sibiria.* II. 107
293. syriaca, *Ehrenb.* (rupestris, *Cantr.*) Dalmatia, Turcia.; As. occ. II. 108

TRIB. II. — ZYGODACTYLI.

FAM. XXI. — PICIDÆ.

124. Yunx, Lin. 1776.

294. ˙ torquilla, *L.* . . . . Eur.; As. occ.; Afr. sept. I. 136

125. Dryocopus, Boie, 1826.

295. martius *Boie ex Aldrov* . . . . . . Eur. sept., c.; As. occ. II. 109

126. Picus, Aldrov. 1610. — Lin. 1735.

296. ˙ major, *Aldrov.* . . . . Eur.; As. occ. I. 137
  β. *numidicus, Malh..* . . . . Hispania?; Algeria.
297. ˙ leuconotus, *Bechst.* . . Laponia; Eur. c., Corsica, Græcia. I. 138
298. ˙ varius, *Aldrov.* (medius, *L.*) . . . . Eur. I. 139
299. cruentatus, *Antin.* (var. cl.?) . . . As. minor; fort. Turcia. II. 110
300. ? villosus, *L.* . . . . . Am. sept.; fort. Anglia. (*Lewin*). II. 111
301. ˙ minor, *L..* . . . . Eur.; Afr. sept. I. 140
302. ? pubescens, L. . . . . . Am. sept.; fort. Anglia (*Gray*). II. 111 a

127. Picoides, Lacép, 1799.

303. tridactylus, *Kp.* ex *L.* . . . . . . .Eur. sept., c.; As. sept. II. 112

128. Gecinus, Boie, 1831. .

304. ˙ viridis, *Boie ex Aldrov.* . . . . Eur. I. 141
305. ˙ canus, *Boie* ex *Gm.* . . . . Eur. sept., c. I. 142

129. Colaptes, Swains. 1827.

306. ? auratus, *Sw.* et *Rich.* ex *L.* . . . . . . Am.; fort. Anglia (*Gray*).

FAM. XXII. — CUCULIDÆ.

130. Cuculus, Lin. 1735.

307. ˙ canorus, *L.* . . . . Eur.; As. occ.; Afr. sept. I. 143

131. Coccystes, Glog. 1834.

308. glandarius, *Glog.* ex. *L.* . . . . . Afr. sept.; Syria; Eur. m. II. 113

132. Coccygus, Vieill. 1816.
    309. americanus, *Jen.* ex *L.* . Am. sept.; fort. Anglia et Hibernia. II. 114
    310. erythrophthalmus, *Bp.* ex *Wils.* Am. sept.; fort. Lucca *(Savi).* II. 114 a

TRIB. III. — HETERODACTYLI.

FAM. XXIII. — CORACIADÆ.

133. Coracias, Lin. 1735.
    311. ˙garrula, *L.* . . . . Eur. m., c.; As. occ.; Af. sept. I. 50

FAM. XXIV. — ALCEDINIDÆ.

134. Alcedo, Lin. 1756.
    312. ˙ispida, *L.* . . . . Eur.; As. occ.; Af. sept. I. 144

135. Ceryle, Boie, 1828.
    313. rudis, *Boie* ex *Hasselq.* . . . . . Afr.; As. occ.; Eur. or., m. II. 115
    314. alcyon, *Boie* ex *L.* . As. m., occ.; fort. Hibernia *(Thompson).* II. 117

136. Halcyon, Swains. 1821.
    315. smyrnensis, *Steph.* ex *L.* As. m., occ.; fort. Turcia *(Bonap.)* II. 116 a

FAM. XXV. — MEROPIDÆ.

137. Merops, Lin. 1756.
    316. ˙apiaster, *L.* . . . . . . Eur. m., c.; As. occ.; Afr. sept. I. 144 a
    317. ægyptius, *Forsk* (Savignii, *Sw.*) Afr. or.; As. occ.; fort. Eur. m. II. 118

FAM. XXVI. — UPUPIDÆ.

138. Upupa, Lin. 1735.
    318 ˙epops, *L.* . . . . Eur.; As.; Afr. sept. I. 145

ORD. III. — COLUMBÆ.

FAM. XXVII. — COLUMBIDÆ.

139. Columba, Aldrov. 1611. — Lin. 1735.
    319 ˙palumbus, *L.* . . . . Eur.; As. sept.; Afr. sept. I. 148
    320 ˙œnas, *L.* . . . . Eur.; As. sept.; Afr. sept. I. 146
    321 ˙livia, *Aldrov* . .Eur. præcipuè mediterr., Anglia, fort. Eur. c. I. 147

SUBF. 2. — TURTURINÆ.

140. Ectopistes, Swains. 1837.

322. migratorius, *Sw.* ex *L.* Am. sept. ; fort. Norweg., Ross., Anglia. II. 120

141. Turtur, Ray, 1713. — Selby, 1835.

323. ˙auritus, *Ray* . . . . Eur. c., m. ; As. ; Afr. I. 149
324. rupicola, *Bp.* ex *Pall.* (var. cl. ?) . . . As. ; fort. Eur. sept. II. 119
325. senegalensis, *Gr.* ex *L.* (ægyptiaca, *Lath.*) Afr. ; fort. Eur. m. II. 119 a
326. risorius, *Selby* ex *L.* As. occ. ; Afr. ; fort. Turcia *(Naumann).* II. 119 b

ORD. IV. — GALLINÆ.

FAM. XXVIII. — PTEROCLIDÆ.

SUBF. 1. — PTEROCLINÆ.

142. Pterocles, Tem. 1809.

327. alchata, *Licht.* ex *L* (setarius, *Tem*) . . . Afr.; As.; Eur. m. II. 121
328. arenarius, *Tem.* ex *Pall* . . . . Afr.; As.; Eur. m. II. 122

SUBF. 2. — SYRRHAPTINÆ.

143. Syrrhaptes, Illig. 1811.

329.˙paradoxus, *Licht.* ex *Pall.*(Pallasii, *Tem.*). As.c.; fort.Eur.sept.,c. II. 123

FAM. XXIX. — TETRAONIDÆ.

144. Lagopus, Briss. 1760.

330. mutus, *Leach* ex *Mart.* (alpinus, *Nilss.*). Hemisph. bor., Eur. c. II. 125
α. islandorum, *Fab.* . . . . Islandia.
β. Reinhardti, *Breh.* . . . . *Am. sept.*
331. albus, *Vieill.* ex *Gm.* (saliceti, *Tem.*). . . . Hemisph. bor. II. 124 a
β. scoticus, *Leach.* ex *Briss.* . . . . Britannia. II. 124

145. Tetrao, Lin. 1744.

332. ˙urogallus, *L.* . . . . As. sept.; Eur. sept., c. I. 151
333. ˙tetrix, *L.* . . . . Eur. sept., c.; As. sept. I. 152

146. Bonasa, Steph. 1819.

334. ˙betulina, *Bp.* ex *Scop.* (Tetrastes bonasia, *K.* et *Bl.*). . Eur. sept., c.;
As. occ. I. 153

FAM. XXX. — PHASIANIDÆ.

FAM. XXXI. — PERDICIDÆ.

FAM. XXXII. — TURNICIDÆ.

ORD. V. — GRALLÆ.

TRIB. I. — CURSORES.

FAM. XXXIII. — OTIDIDÆ.

---

(1) *Synoicus lodoisiæ, J. Verr. et O. Des M.,* Coturnicis communis var. fortuita est. (de Selys, in litterâ.)

346. `tetrax, *L.* . . . . Eur. m., c.; As. occ.; Afr. sept. I. 159-60
347. houbara, *Gm.* . . . . Afr. sept.; fort. Eur. m. II. 131 a, b
· 348. `Macqueenii, Gr. . . . . As. c.; fort. Eur. or., c. I. 161

FAM. XXXIV. — CHARADRIDÆ.

SUBF. 1. — OEDICNEMINÆ.

156. Oedicnemus, Tem. 1815.

349. `crepitans, *Tem.* . . . . . . Eur. m., c.; As. occ.; Afr. sept. 1. 162

SUBF. 2. — CURSORINÆ.

157. Cursorius, Lath. 1790.

350. gallicus, *Bp.* ex *Gm.* . . . . . . Afr. sept.; fort. Eur. m. II. 132

SUBF. 3. — CHARADRINÆ.

158. Pluvianus, Vieill. 1816.

351. ægyptius, *Strickl.* ex *L.* . . . Afr.; fort. Hispania (*Brehm*). II. 133

159. Pluvialis, Barr. 1745.

352. `apricarius, *Bp.* ex *L.* (Ch. auratus, *Bechst.*) Eur.; As.; Afr. sept. I. 165
353. longipes, *Bp.* ex *Tem.* . . . As.; Afr.; Austr.; fort. Malta (*Jardine*). Heligolandia (*Gaetke*). II. 134 a
β. *virginicus, Bk.* . . . . . . Am. sept.; fort. Heligolandia (*Gaetke*).

160. Squatarola, Cuv. 1817.

354. `helvetica, *Breh.* ex *Briss.* (Vanellus melanogaster, *Bechst*). Eur.; As.; Am. sept.; Afr. I. 172

161. Eudromias, Boie, 182?

355. `morinellus, *Breh.* ex *L.* . . . . . Eur.; As. occ.; Afr.; sept. I. 166
356. asiaticus, *Blas.* ex *Pall.* As.; fort. Rossia, Heligolandia (*Gaetke*). II. 134

162. Charadrius, Lin.. 1735.

357. `hiaticula, *L.* . . . . Eur.; As.; Afr. I. 167
558. `fluviatilis, *Bechst.* (minor, *Mey.* et *W.*) . . . Eur.; As., Afr. I. 168
359. `cantianus, *Lath.* . . . . Eur.; As.; Afr. sept. I. 166 a
360. mongolicus, *Pall.* (pyrrhothorax, *Tem.*) As. sept. ; fort. Rossia. II. 135 a
361. vociferus, *L.* . . . . Am.; fort. Anglia (*Sclater*). II. 135

163. Hoplopterus, Bonap. 1831.

362. spinosus, *Bp.* ex *Hasselq.* . . . . . . Afr.; Eur. or., m. II. 136

164. Vanellus, Lin., 1735.

363. `cristatus, *Mey.* et *W* . . . . . . Eur.; As. occ.; Atr. sept. I. 171

165. **Chettusia**, Bonap. 1839.

364. gregaria, *Bp.* ex *Pall.* . As. occ.; Afr. or.; fort. Eur. or., m. II. 137
365. leucura, *Bp.* ex *Licht.* . . . . . . Afr.; As.; fort. Gallia (*Crespon*).

SUBF. 4. — HÆMATOPODINÆ.

166. **Hæmatopus**, Lin. 1735.

366. ˙ostralegus, *L.* . . . . Eur.; As.; Afr. sept. I. 163

SUBF. 5. — STREPSILINÆ.

167. **Strepsilas**, Illig., 1811.

367. ˙interpres, *Ill.* ex *L.* (collaris, *Tem.*) . Eur. sept., c.; Am. sept. I. 170

FAM. XXXV. — GLAREOLIDÆ.

168. **Glareola**, Briss. 1760.

368. ˙pratincola, *L.* (torquata, *M.* et *W.*). Eur. m., c.; As.; Afr. sept. I. 172 a
369. melanoptera, *Nordm.* . . . . Eur. or.; As. minor. II. 138

FAM. XXXVI. — SCOLOPACIDÆ.

SUBF. 6. — TRINGINÆ.

169. **Calidris**, Cuv. 1799-1800.

370. ˙arenaria, *Leach* ex *L.*. . . . . . . Hemisph. bor.; Eur. c. I. 169

170. **Tringa**, Lin. 1735.

371. ˙canutus, *L.* . . . . Hemisph. bor.; Eur. 1. 179
372. ˙maritima, *Brünn.* . . . . Hemisph. bor.; Eur, c. I. 178
373. ˙subarquata, *Tem.* ex *Güld.* . . . Eur.; As.; Am.; Afr. sept. I. 173
374. ˙cinclus, *L,* (variabilis, *M.* et *W.*). .. Eur.; Am.; As.; Afr. sept. I. 174
   β. ˙torquata, *Briss.* (*Schinzii, Breh.*). . . Eur. sept., c.; As. sept. I. 175
375. maculata, *Vieill.* . . . . . Am.sept.; fort. Anglia (*Yarrell*). II. 139 a
   β. *Bairdii, Coues* . . . . Am. sept., c.
376. melanotos, *Vieill.* . . . . .Am. sept.; fort. Britannia, Gallia.
377. ˙minuta, *Leisl* . . . . Eur.; As.; Afr. I. 177
378. ˙Temminckii, *Leisl.* . . . . . .Eur. c., m.; As. c.; Afr. sept. I. 176
379. ? pusilla, *Wils.* (Wilsonii, *Nuth*). . . Am. sept.; fort.Anglia (*Yarrell*).

171. **Limicola**, Koch, 1815.

380. ˙pygmæa,*Koch* ex *Lath.* . . . . . Eur.; As.; Am. sept. I. 179 a

SUBF. 7. — TOTANINÆ.

172. **Philomachus**, Mœhr. 1752.

381. ˙pugnax, *Gr.* ex *L.* . . . . Eur.; As. sept. I. 180

173. Totanus, Bechst. 1803.
382. ˙griseus, *Bechst.* ex *Briss.* (chloropus. *M.*).   Eur.; As.; Afr. sept. I. 190
383. ˙stagnatilis, *Bechst.*   .   .   .   .   . Eur. or., c.; As.; Afr. sept I. 190 a
384. ˙fuscus, *Bechst.* ex *L.*   .   .   .   . Eur.; As. sept. I. 189
385. ˙calidris, *Bechst.* ex *L.* (gambetta, *Gm.*) .   Eur.; As.; Afr. sept. I. 188
386. flavipes, *Vieill.* ex *Gm.*   .   Am. sept.; fort. Anglia (*Yarrell*). II. 140 a
387. ˙glareola, *Tem.* ex *L.* (sylvestris, *Br.*) .Eur.; As. sept.; Afr. sept. I. 187
388. ˙ochropus, *Tem.* ex *L.*   .   .   .   .   . Eur.; As. sept.; Afr. sept. I. 186

174. Symphemia, Rafin. 1815.
389. semipalmata, *Hartl.* ex *Gm.* .   .   Am. sept.; fort. Suecia. (*Wahlgren*),
Gallia (*Degland*). II. 141

175. Bartramia, Less. 1831.
390. longicauda, *C. F. Dub.* ex *Bechst.*   Am. sept.; fort. Batavia, Germania,
Anglia. II. 142

176. Actiturus, Bonap. 1850.
391. rufescens, *Bp.* ex *Vieill.* Am. sept. ; fort. Anglia, Heligolandia. II. 139

177. Actitis, Boie, 1822.
392. ˙hypoleucus, *Boie* ex *L.*   .   .   .   . Eur.; As. sept.; Afr. sept. I. 185
393. ˙macularius, *Boie* ex *L.*   .   .   .   . Am. sept.; fort. Eur. occ. I. 185 a

SUBF. 8. — SCOLOPACINÆ.

178. Gallinago, Ray, 1713. — Leach, 1816.
394. ˙major, *Ray.* .   .   .   . Eur.; As. sept.; Afr. sept. I. 181
395. ˙minima, *Ray.* (gallinula, *Bp.*)   .   . Eur.; As. sept.; Afr. sept. I. 183
396. ˙media, *Leach.*   .   .   .   . Eur.; As. sept.; Afr. sept. I. 182
β. *Brehmii, Bp.* ex *Kp.* .   .   .   . Eur. m., c.
var. fort. *Sabinii, Bp.* ex *Vig.*

179. Scolopax, Briss. 1760.
397. ˙rusticola, *L.* .   .   .   . Eur.; As. sept.; Afr. sept. I. 184

180. Macroramphus, Leach, 1816.
398. griseus, *Leach* ex *Gm* .   .   .   .   .   . Am. sept.; fort. Eur. II. 140

SUBF. 9. — LIMOSINÆ.

181. Limosa, Aldrov. 1613. — Briss. 1760.
399. ˙ægocephala, *Aldrov.* (melanura, *Leisl.*).   .   .   . Eur.; As.; Afr. I. 192
400. ˙rufa, *Briss.* .   .   .   . Eur. sept., c.; As. sept. I. 191
var. fort. *Meyeri, Leisl.* .   .   .   . I. 191 a

182. Xenus, Kaup, 1829.
401. cinereus, *Kp.* ex *Güld.* (Limosa terek, *Tem.*) As. sept., occ.; Eur.
sept., or. II. 143

SUBF. 10. — NUMENIINÆ.

183. Numenius, Lin. 1746, *nec* Moehr. 1752.

402. ˙arquata, *Lath.* ex *L.* . . . . Eur.; As.; Afr. sept. I. 194
403. ˙tenuirostris, *Vieill.* . . . . Afr., Eur. m., c. I. 195
404. ˙phæopus, *Lath.* ex *L.*. . . . . . . Eur. sept., c.; As. sept. I. 193
405. hudsonicus, *Lath* . . . Am. sept.; fort. Islandia (*Kjarbölling*). II. 144
406. borealis, *Lath.* . . . . Am. sept.; fort. Scotia (*Yarrell*). II. 144 a

SUBF. 11. — PHALAROPINÆ.

184. Phalaropus, Briss. 1760.

407. ˙rufescens, *Briss.* (platyrhynchus, *Tem.*) Hemisph. bor.; Eur. c. I. 217
408. ˙cinereus, *Briss.* (hyperboreus, *Lath.*) Hemisph. bor.; fort Eur. c. I. 216

FAM. XXXVII. — RECURVIROSTRIDÆ.

SUBF. 12. — RECURVIROSTRINÆ.

185. Recurvirostra, Lin. 1744.

409. ˙avocetta, *L.* . . . . Eur.; As. sept.; Afr. sept. I. 215

SUBF. 13. — HIMANTOPODINÆ.

186. Himantopus, Barr. 1745.

410. ˙candidus, *Bonn.* (melanopterus, *Tem.*) Eur. m., c. ; As. ; Afr. sept. I. 164

TRIB. II. — MACRODACTYLI.

FAM. XXXVIII. — GALLINULIDÆ.

SUBF. 14. — GALLINULÆ.

187. Rallus, Ray, 1713.

411. ˙aquaticus, *Ray* . . . . Eur.; As. sept.; Afr. sept. I. 208

188. Ortygometra, Lin. 1744.

412. ˙crex, *L.* (Crex pratensis, *Bechst.*) . Eur.; As. sept.; Afr. sept. I. 210

189. Porzana, Vieill. 1816.

413. ˙maruetta, *Gr.* ex *Briss.* (maculata, *Br.*) Eur.; As. sept.; Afr. sept. I. 211
414. ˙parva, *mihi* ex *Scop.* . . . . . Eur. or., c.; As. c.; Afr. sept. I. 212
415. ˙Baillonii, *C. F. Dub.* ex *Vieill.* . Eur. c., m.; As. c.; Afr. sept. I. 213
416. carolina, *Bp.* ex *L.* . . . . Am.; fort. Anglia. (Oct. 1864).

190. Gallinula, Aldrov. 1613. — Briss. 1760.

417. ˙chloropus, *Aldrov* . . . . Eur.; As. occ.; Afr. sept. I. 209

191. Porphyrio, Barr. 1745.

    418. cæsius, *Barr.* (hyacinthinus, *Tem.*) . . . Eur. m.; Afr. sept. II. 152
    419. alleni, *Gr.* ex *Thomp.* . . . . . . Afr.; fort. Lucca (*Savi*). II. 152 a
    420. martinica, *Gr.* ex *L.* . . . . Am.; fort. Hibernia (*Gray*).

SULF. 15. — FULICINÆ.

192. Fulica, Lin. 1735.

    421. *atra, *L.* . . . . Eur.; As. sept.; Afr. sept. I. 218
    422. cristata, *Gm.* . . . . . - . Afr.; Hispania m., fort. Italia m. II. 154

TRIB. III. — HERODIONES.

FAM. XXXIX. — GRUIDÆ.

193. Grus, Lin. 1735.

    423. *cinerea, *Bechst.* . . . . . . Eur.; As. sept.; Afr. sept. I. 197
    424. antigone, *Pall.* ex *L.* . . . . As.; fort Rossia. II. 147
    425. leucogeranus, *Pall.* . . . . As. sept.; fort. Rossia. II. 148

194. Anthropoides, Vieill. 1816.

    426. virgo, *Vieill.* ex *L.* . . . . . . Afr.; As. m.; Eur. occ., m. II. 146

195. Balearica, Briss. 1760.

    427. pavonina, *Gr.* ex *L.* . . . . Afr.; fort. Eur. m. II. 149

FAM. XL. — ARDEIDÆ.

196. Ardea, Aldrov. 1613. — Lin. 1735.

    428. *cinerea, *Aldrov* . . . . Eur.; As.; Afr. I. 201
    429. melanocephala, Vig. . . . . . Afr.; fort. Eur. m. (*Gerbe*). II. 149 a
    430. *purpurea, *L.* . . . . Eur. c., m.; As.; Afr. I. 202

197. Herodias, Boie. 1822. (1).

    431. *alba, *Gr.* ex *L.* (egretta, *Bechst.*) . Eur. occ., m.; Afr. sept. I. 203
    432. *garzetta, *Boie* ex *L.* . Eur. m., c.; Afr.; As.; Austr. sept. I. 203 a

198. Bubulcus, Pucher. 1854.

    433. ibis, *Bp* ex *Hasselq.* (Ardea bubulcus, *Sav.*) Afr.; fort. Eur. m. II. 151
    434. *ralloides, *Breh.* ex *Scop.* (comata, *Pall.*) Eur. m., occ.; Afr. occ. I. 204

199. Ardeola, Bonap. 1831.

    435. Sturmii, *Gerbe* ex *Wagl.* . . . Afr.; fort. Gallia (*Bp.*). II. 149 b
    436. *minuta, *Bp.* ex *L.* . . . . Eur.; As.; Afr. I. 207

---

(1) *H. intermedia, Hasselq.* (*egrettoides, Tem.*) in Sardinià non capta fuit.

200. **Botaurus,** Briss. 1760.

    437. ˙stellaris, *Steph.* ex *Aldrov.* . . . . . . Eur.; As.; Afr. sept. I. 206
    438. freti-hudsonis, *Briss.* (lentiginosa, *Mont.*) . . Am. sept.; fort. Anglia,
                                         Germania. II. 150

201. **Nycticorax,** Briss. 1760.

    439. ˙europæus, *Steph.* . . . . Eur.; As.; Am.; Afr. I. 205
    440. ? violaceus, *Gr.* ex *L.* . . . . . . Am. sept.; fort Anglia (*Yarrell*).

FAM. XLI. — CICONIIDÆ.

202. **Ciconia,** Aldrov. 1613. — Briss. 1760.

    441. ˙alba, *Willugh.* . . . . Eur.; As. occ.; Afr. sept. I. 199
    442. ˙nigra, *Aldrov.* (fusca, *Briss.*). . . Eur. c., m.; As.; Afr. sept. I. 198

FAM. XLII. — PLATALEIDÆ.

203. **Platalea,** Lin. 1735.

    443. ˙leucorodia, *L.* . . . . Eur. c., m., As.; Afr. sept. I. 200

FAM. XLIII. — TANTALIDÆ.

SUBF. 16. — TANTALINÆ.

204. **Tantalus** Lin. 1735.

    444. ? ibis, *L.* . . . . Afr.; Rossia m. (*Pall.*) II. 145 a

SUBF. 17. — IBINÆ.

205. **Ibis,** Mœhr. 1752.

    445. æthiopicus, *Blas.* ex *Lath.* (religiosa, *Cuv.*) Afr.; fort. Græcia. II. 145

206. **Falcinellus,** Bechst. 1803.

    446 ˙autumnalis, *mihi* ex *Hasselq.* . . . Eur. m., occ,; As.; Afr. sept. I. 196

TRIB IV. — PALMIPEDES.

FAM. XLIV. — PHŒNICOPTERIDÆ.

207. **Phœnicopterus,** Lin. 1766.

    447. roseus, *Pall.* . . . . Eur. m.; As. occ.; Afr. sept. II. 153
    β. erythrœus, *Verr.* . . . . Afr.; fort. Lusitania.

ORD. VI. — NATATORES.

TRIB. I. — LAMELLIROSTRES.

FAM. XLV. — ANATIDÆ.

SUBF. 1. — ANSERINÆ.

208. Chenalopex, Steph. 1824.
 448. ægyptiaca, *Steph.* ex *L.* . . . . . Afr.; Græcia (*v. d. Mühle*). I. 291

209. Branta, Scop. 1769.
 449. ˙leucopsis, *Gr.* ex *Bechst* . . . . . Eur. sept., c.; As. sept. I. 293
 450. ˙bernicla, *Scop.* ex *L.* (torquata, *Frisch.*). Hemisph. bor.; Eur. c. I. 292
 451. ruficollis, *Gr.* ex *Pall.* . . . . As. sept.; fort. Eur. II. 191
 452. ? canagica, *Gr.* ex *L.* . . . . Am. sept.; fort. Rossia *(Verreaux).*
 453. canadensis, *Gr.* ex *L.* . . . Am. sept.; fort. Anglia (Gray). II. 192

210. Anser, Barr. 1745.
 454. ˙cinereus, *Mey.* et *W.* . . . . Eur.; As. sept. I. 297
 455. ˙sylvestris, *Briss.* (segetum, *Gm.*) . . Eur. sept., c.; As. sept. I. 296
  α. ˙arvensis, *Breh.* . . . . Eur. sept., c. I. 295
  β. ˙brachyrhynchus, *Baill.* . . . . . . Eur. sept., fort. c. I. 295 a
 456. ˙erythropus, *Flem.* ex *L.* (albifrons, *Gm.*) Hemisph. bor.; Eur. c. I. 294
  α. ˙Temminckii, *Boie.* (minutus, *Naum*). .Hemisph. bor.; Eur. c. I. 294 a
  β. ˙pallipes, de *Selys* . . . . Hemisph. bor.?, Eur. c.

211. Chen, Boie, 1822.
 457. niveus, *mihi* ex *Briss.* . . . . . Hemisph. bor.; fort. Eur. or. II. 189

SUBF. 2. — CYGNINÆ.

212. Cygnus, Ray, 1713. — Lin, 1735.
 458. ˙ferus, *Ray.* (musicus, *Bechst.*) . . . Eur. sept., c.; As. sept. I. 299
 459. ˙mansuetus, *Ray.* (olor, Gm.) . . . . Eur. sept., c.; As. occ. I. 300
  β. immutabilis, *Yarr.* . . . . Eur. sept.
 460. ˙minor, *Pall.* (islandicus, *Breh.*) . . . Eur. sept., c.; Sibiria. I. 298
 461. americanus, *Sharpl.* Am. sept.; fort. Scotia, Germania (*Altum.*) II. 193

SUBF. 3. — ANATINÆ.

213. Tadorna, Ray, 1713.
 462. ˙Bellonii, *Ray.* (Anas tadorna, *L.*) . . . . . Eur.; As. sept. I. 269
 463. casarca, *Macg.* ex *L.* (rutila, *Pall*) . . . As. sept.; Eur. or. II. 177 a

214. Spatula, Boie, 1822.

464. ˙ clypeata, *Boie* ex *L.* . . . . Hemisph. bor.; Eur. c. I. 276

215. Anas, Lin. 1735.

465. ˙ fera, *Briss.* (boschas, *L.*) . . . . . Hemisph. bor.; Eur. c. I. 270

216. Chauliodus, Swains. 1831.

466. ˙ strepera, *Sw.* ex *L* . . . . Eur. sept., c.; As. sept. I. 271
467. angustirostris, *Gr.* ex *Ménét.* (marmorata, *Tem.*) Afr. sept.; Eur. m.;
As. c. II. 181

217. Mareca, Steph. 1824.

468. ˙ fistularis, *Steph.* ex *Briss.* (penelope, *L.*) . . Eur.; As. sept. I. 273
469. americana, *Steph.* ex *Gm.* . . Am. sept. ; fort. Anglia (*Yarrell*). II. 182

218. Dafila, Leach, 1824.

470. ˙ acuta, *Eyt.* ex *L.* (caudacuta, *Leach.*) Eur.; As. occ.; Afr. sept. I. 272

219. Querquedula, Steph. 1824.

471. ˙ circia, *Steph.* ex *L.* . . . Eur. c., m.; Sibiria; Afr. sept. I. 274
472. discors, *Gerbe* ex *L.* . . . . . Am. sept.; fort. Gallia (*Canivet*). II. 183
473. ˙ crecca, *Steph.* ex *L.* . . . . Eur.; As.; Afr. sept. I. 275
474. formosa, *Bp.* ex *Geor.* (glocitans,). As. or., sept.; fort. Gallia. II. 180 a
475. falcata, *Bp.* ex *Pall.* . . . . . As.; fort. Hungaria (*Naum.*). II. 180

220. Aix, Boie, 1826.

476. ? sponsa, *Boie* ex *L.* . . . . . Am. sept.; fort. Anglia (*Gray*). II. 179

SUBF. 4. — FULIGULINÆ.

221. Fuligula, Steph. 1824.

477. ˙ rufina, *Steph.* ex *Pall.* . . . . Eur.; As. I. 277
478. ˙ cristata, *Steph.* ex *Ray.* . . . . Eur.; As. sept.; Afr. sept I. 280
479. collaris, *Bp.* ex *Donov.* (rufitorques, *Bp.*) Am. sept.; fort. Anglia. II. 184
480. ˙ marila, *Steph.* ex *L.* . . . . . . Hemisph. bor.; Eur. c. I. 281
β. *affinis, Eyt.* (mariloides. *Vig.*) . . Am. sept.; fort. Anglia (*Yarrell*).
481. ˙ ferina, *Steph.* ex *L.* . . . . . Eur.; As. sept.; Afr. sept. I. 278
482. ˙ nyroca, *Steph.* ex *Güld.* . . . . Eur.; As. sept. I. 279

222. Clangula, Flem. 1828.

483. ˙ glaucion, *Breh.* ex *L.* (clangula, *L.*) . . . . . Eur. sept., c. I. 285
484. ˙ islandica, *Bp.* ex *L.* (Barrowii, *Sw.*) . Hemisph. bor.; Eur. c. I. 286
485. albeola, *Steph.* ex *L* . . . . . Am.; fort. Anglia (*Yarrell*). II. 185
486. ˙ histrionica, *Boie* ex *L.* Am. sept.; As. sept.; Islandia.; fort. Eur. c. I. 287

223. Harelda, Leach, 1824.

487. ˙ glacialis, *Steph.* ex *L* . . . . Hemisph. bor.; Eur. c. I. 288

224. Somateria, Leach, 1822.

  488. Stelleri, *C. F. Dub.* ex *Pall.* . .   As. sept.; Am. sept.;Eur. sept. II. 187
  489. ˙ mollissima, *Boie* ex *L.* . . . .   Hemisph. bor.; fort. Eur. c. I. 289
  490. ˙spectabilis, *Boie* ex *L.* . . . .   Hemisph. bor.; fort. Eur. c. I. 290

225. Oidemia, Flem. 1822.

  491. ˙nigra, *Flem.* ex *L.* . . . . Eur. sept., c.; As. sept. I. 282
  492. ˙fusca, *Flem.* ex *L.* . . . . Eur. sept., c. As. sept. I. 283
  493. ˙perspicillata, *Steph.* ex *L.* Am. sept.; fort. Eur. . sept., occ. I. 284

226. Erismatura, Bonap. 1832.

  494. leucocephala, *Bp.* ex *Scop.*   . . . Eur. m., or.; Sibiria m. II. 186

SUBF. 5. — MERGINÆ.

227. Mergus, Lin. 1735.

  495. ˙albellus, *L.* . . . . Eur.; As.; Am. sept. I. 266
  496. ˙castor, *L.* (merganser, *L.*). . . . . Hemisph. bor.; Eur. c. I. 268
  497. ˙cristatus, *Breh.* ex *Briss.* (serrator, *L.*) Hemisph. bor.; Eur. c. I. 267
  498. cucullatus, *L.* . . . . . . Am. sept.; fort. Anglia (*Yarrell*). II. 177

TRIB. II. — TOTIPALMI.

FAM. XLVI. — PELECANIDÆ.

SUBF. 6. — PELECANINÆ.

228. Pelecanus, Lin. 1735.

  499. onocrotalus, *L.* (roseus, *Eversm.*) Afr. sept.; Eur. or., m.; India. II. 157
  β. minor, *Rüpp.*   . . . . Afr.; fort. Eur. m. II. 158
  500. crispus, *Bruch.* . . . . Eur. or.; As.; Afr. sept. II. 158 a

229. Sula, Briss. 1760.

  501. bassana, *Briss.* . . . . . . Hemisph. bor.; fort. Eur. c. I. 227
  var. fort. *Lefevrii, Bald.*

230 Phalacrocorax, Briss. 1760.

  502. ˙carbo, *Leach* ex *L.* . . . . Hemisph. bor.; Eur. c. I. 228
  503. ˙cristatus, *Steph.* ex *Fab.* . . . . Eur. sept., c. I. 229
  var. fort. *Desmarestii, Peyr.*
  504. pygmæus, *Dumt.* ex *Pall.* . . . As. occ.; Eur. or.; Afr. sept. I. 230

SUBF. 7. — FREGATINÆ.

231. Fregata, Barr. 1745.

  505. marina, *Barr.* . . . . Ocean. austr.; fort. Weser. II. 155

SUBF. 8. — PTYNXINÆ.

232. Ptynx, Moehr. 1752, nec Blyth, 1840.

506. anhinga, *mihi* ex *L.* . . . . . . Am.; fort. Anglia (*Gray*). II. 156

SUBF. 9. — PHAËTONINÆ.

233. Phaëton, Lin. 1756.

507. æthereus, *L.* . . . Ocean. austr.; fort. Heligolandia (*Gaetke*). II. 155 b

TRIB. III. — LONGIPENNES.

FAM. XLVII. — LARIDÆ.

SUBF. 10. — STERNINÆ.

234. Sterna, Lin. 1748.

508. ˙ caspia, *Pall.* . . . . Eur. m., c.; As. c.; Afr. sept. I. 250
509. ˙ anglica, *Mont.* (risoria, *Breh.*) . Eur. m., c.; As.; Am.; Afr. I. 251
510. ˙ cantiaca, *Gm.* . . . . Eur. I. 252
511. affinis, *Rüpp.* . . . . As. occ.; Afr. sept.; fort. Eur. or. II. 174
512. Bergii, *Licht.* (velox, *Rüpp.*) . . . . . Afr.; fort. Eur. m. II. 174 a
513. ˙ hirundo, *L.* (arctica, *Tem.*). . . . Eur.; As. sept.; Afr. sept. I. 254
514. ˙ paradisea, *Brün.* (Dougallii, *M.*). Eur.; As.; Afr. sept.; Am. sept. I. 253
515. ˙ fluviatilis, *Naum.* . . . . Eur. ; India ; Afr. sept. I. 255
516. ˙ minuta, *L.* . . . . Eur. m., c., Afr.; Austr. I. 256
517. fuliginosa, *Gm.* . . Am. sept.; fort. Germania, Gallia, Anglia. II. 173

235. Hydrochelidon, Boie, 1822.

518. ˙ fissipes, *Gr.* ex *L.* (nigra, *Briss.*) . . . Eur.; Afr.; Am. sept. I. 257
519. ˙ nigra, *Gr.* ex *L.* . . . . . . Eur. c., m.; As.; Afr. sept. I. 259
520. ˙ hybrida, *Gr.* ex *Pall.* (leucopareia, *Natt.*). . . . Eur. m., c. I. 258

236. Anous, Leach. 1825.

521. stolidus, *Gr.* ex *L.* . . . . . . Am.; fort. Gallia, Anglia. II. 174 b

SUBF. 11. — LARINÆ.

237. Rhodostetia, Macg. 1842.

522. Rossii, *Macg.* Am.; fort. Anglia (*Yarrell*); Heligolandia (*Gaetke*). II. 172

238. Larus, Ray, 1713. — Lin. 1744.

523. ˙ glaucus, *Brünn.* . . . . Eur. sept., c.; Am. sept. I. 243
524. ˙ leucopterus, *Fab.* . . . . Hemisph. bor.; Eur. c. I. 242
525. ˙ marinus, *L.* . . . . Eur.; As. sept. I. 240
526. ˙ fuscus, *L.* (flavipes, *Mey.* et *W.*) . Eur.; As. sept.; Am. sept. I. 239
  β. *fuscensens, Licht.* . . . . Eur. m.
527. ˙ argentatus, *Brünn* . . . . Eur. sept., c.; As. sept. I. 241
  β. *leucophœus, Licht.* . . . . Eur. m.

528. Audouini, *Payraud*. . . . . Eur. m.; Afr. sept. II. 167
529. gelastes, *Licht.* (tenuirostris, *Tem.*) . . . Eur. or.; Afr. sept. II. 168
530. ˙canus, *L.* . . . . Eur.; As. sept. I. 246
   β. *niveus, Pall.* (*Heinei, Hom.*) . . . . . . As. or., sept.; Eur. or.
531. leucophthalmos, *Licht.* . . . . . . Afr. or.; fort. Græcia. II. 171
532. atricilla, *L.* (plumbiceps, *Mey.*) .Am. sept.; fort. Anglia, Gallia. II. 165
533. ichthyaëtus, *Pall.* . . . . As. occ.; Eur. or. II. 169
   β. *minor, Schl.* . . . . *Bengalia.*
534. ˙ridibundus, *L.* . . . . Eur.; As. occ .I. 247
535. melanocephalus, *Natt.* . . . . Eur. m.; Afr. sept. II. 170
536. philadelphia, *Gr.* ex *Ord.* . . . Am.; fort. Britannia. *(Yarr).* II. 166
537. ˙minutus, *Pall.* . . . . Eur. or., c.; As. occ. I. 248

239. **Xema,** Leach. 1818.

538. ˙Sabinei, *Leach* . . . . . Am. sept.; As. sept.; fort. Eur. c. I. 249

240. **Rissa,** Leach. 1825.

539. ˙tridactyla, *Macg.* ex *L.* . . . . . Eur.; Am. sept.; As. sept. I. 245

241. **Pagophila,** Kaup. 1829.

540. ˙nivea, *Bp.* ex *Mart.* (eburneus, *Gm.*). Hemisph. bor.; fort. Eur. c. I. 244

SUBF. 12. — LESTRIDINÆ.

242. **Stercorarius,** Briss. 1760.

541. ˙fuscus *mihi* ex *Briss.* (catarrhactes, *L.*) Hemisph. bor.; Eur. c. I. 238
542. ˙pomarinus, *Vieill.* ex *Tem.* . . . . . Hemisph. bor.; Eur. c. I. 237
543. ˙parasiticus, *Gr.* ex *L.* . . . . . . Hemisph. bor.; Eur. c. I. 236
544. ˙longicaudus, *Briss.* . . . . Hemisph. bor.; Eur. c. I. 235

FAM. XVIII. — PROCELLARIDÆ.

SUBF. 13. — DIOMEDEINÆ.

243. **Diomedea,** Lin. 1735.

545. exulans, *L.* . . . . Hemisph. austr.; fort. Eur. II. 159
546. chlororhynchos, *Gmel.* Hemisph. austr.; fort. Norwegia. (*Esmark*). II. 160

SUBF. 14. — PROCELLARINÆ.

244. **Procellaria,** Lin. 1735.

547. gigantea, *L.* . . . Hemisph. austr.; fort. Germania. (*Blasius*). II. 163 c
548. ˙glacialis, *L.* . . . . Hemisph. bor.; fort. Eur. occ. I. 232
549. capensis, *L.* Hemisph. austr.; fort Gallia (*Degland, Verreaux*). II. 163 a
550. hæsitata, *Kuhl.* (diabolica *L'Herm.*). As.; fort. Anglia, Gallia. II. 163 b

245. **Thalassidroma,** Vig. 1825.

551. Bulweri, *Jard.* . . . . . . Afr. occ.; fort. Anglia (*Yarr*). II. 164 a
552. ˙pelagica, *Vig.* ex *L.* . . . . Eur.; As.; Afr.; Am. I. 233
553. ˙leucorhoa, *Gerbe* ex *Vieill.* (Leachii, *Tem.*) Oc. atlant.; Eur. occ. I. 234
554. occanica, *Sch.* ex *Kuhl.* (Wilsoni, *Bp.*) . Am.; Oc. atlant.; fort. Gallia,
Anglia. II. 164

246. **Puffinus,** Briss. 1760.

555. cinereus, *Eyt.* ex *Kuhl* (Kuhlii, Boie.) . . . Mare mediterr. II. 161
556. major, *Fab.* . . . . Oc. atlant.; Mare glaciale. II. 162
557. fuliginosus, *Strichl.* . . . . . Am. sept.; fort. Anglia, Gallia. II. 163
558. ˙anglorum, *Ray.* . . . . Eur. sept., occ.; Am. sept.; Afr. occ. I. 231
α. *yclkouan, Bp. ex Acerbi.* . . . . Eur. or., m.; Afr. sept. II. 160 a
β. *obscurus, Boie* ex *Gm.* . . . . Am ; fort. Anglia, Gallia. II. 160 b

TRIB. III. — URINATORES.

FAM. XLIX. — ALCIDÆ.

SUBF. 15. — URIINÆ.

247. **Uria,** Mœhr. 1752.

559. ˙grylle, *Lath.* ex *L.* . . . . . . Hemisph. bor.; fort. Eur. occ. I. 260
β. *Mandtii, Licht.* . . . . Eur. sept.
560. ˙troile, *Lath.* ex *L.* . . . . . . Hemisph. bor.; fort. Eur. occ. I. 261
˙β. *rhingvia, Brünn (lacrimans, La Pyl)* . . . . Eur. sept. occ. I. 262
561. arra, *K.* et *Bl.* ex *Pall.* (Brünnichii, *Sab.*). . . . Eur. sept. II. 175

248. **Mergulus,** Vieill. 1816.

562. ˙alle, *Vieill.* ex *L.* . . . . . . Hemisph. bor.; fort. Eur. occ. I. 263

SUBF. 16. — ALCINÆ.

249. **Alca,** Lin. 1744.

563. ˙torda, *L.* . . . . Hemisph. bor.; fort. Eur. occ. I. 265
564. impennis, *L.* . . . . Hemisph. bor. (exstinctus). II. 176

250. **Fratercula,** Briss. 1760.

565. ˙arctica, *Leach* ex *L.* . . . . . Hemisph. bor.; fort. Eur. occ. I. 264
β. *glacialis, Gr.* ex *Leach (nec corniculata, auct.)* Spitsberg; Groenlandia.

251. **Phaleris,** Tem. 1820.

566. psittacula, *Steph.* ex *Pall.* Am. bor.; fort. Suecia (*Wahlgren*). II. 175 c

FAM. L. — COLYMBIDÆ.

252. **Colymbus,** Ray, 1713. — Lin. 1735.

567. ˙glacialis, *L.* . . . . Hemisph. bor.: fort. Eur. occ. I. 226
568. ˙arcticus, *Ray.* . . . . Hemisph. bor.; fort. Eur. occ. I. 225
569. ˙septentrionalis, *L.* . . . . Hemisph. bor.; Eur. occ. I. 224

FAM. LI. — PODICEPIDÆ.

253. Podiceps, Lath. 1790.

570. ˙cristatus, *Lath.* ex *L.* . . . . Eur.; As.; Am. sept,; Afr. sept. I. 223
571. ˙grisegena, *Gr.* ex *Bodd.* . . . . Eur.; As.; Am. sept. I. 222
β. *Holbolli, Reinh.* . . . . Am. sept.; fort. Eur.
572. longirostris, *Bp.* . . . . Afr. sept.?; Sardinia (fort.?).
573. ˙nigricollis, *Sundev.* (auritus, *Lath.*). . . . . Eur. sept., c. I. 220
574. ˙auritus, *Lath.* ex *L.* (cornutus, *Lath.*). . . . Eur. sept., c. I. 221
575. ˙fluviatilis, *Gerbe* ex *Briss.* (minor, *Gm.*) . . . . . . Eur. I. 219

ERRATA.

---

8. Aquila, Barr.

14. nævia, *Briss.* — *nec* :
β. *clanga, Pall.* — *sed* :
15. nævioides, *Kp.* ex *Cuv.*
α. *clanga, Pall.* . . . . Rossia m.; As. min.
β. *rapax, Temm.* . . . . *Afr. m.*
γ. *albicans, Rüpp.* . . . . *Abyssinia.*

34. Hirundo, Lin.

77. rustica, *Ray.*
γ. *horreorum, Bart.* . . . . *Am. sept., c.*

43. Telephonus, Sw.

99. tschagra, *Bp.* ex *Vieill.*. . . . . Afr. sept.; fort. Hispania.
β. *erythropterus, Shaw.* . . . . *Afr. or.*

44. Pica, Briss.

101. caudata, *Gesn.* nec *L.*

80. Locustella, Kp.

192. certhiola, *Bp.* ex *Pall.* nec *mihi* ex *Pall.*

A. D.

Novembre, 1871.

ADDITIONS ET CORRECTIONS [1].

Page, 1*a*, **Neophron pileatus.** — Suivant MM. Brehm et Paessler, cet oiseau aurait également été observé en Sardaigne et en Corse.

P. et pl. 9. **Aquila clanga.** — Cet oiseau est souvent considéré, mais à tort, comme var. de l'*A. nœvia;* ses caractères et la forme de ses narines sont les mêmes que chez l'*A. nœvioides.* Chez ce dernier, les narines sont assez spacieuses et en forme d'ellipse allongée; chez l'*A. nœvia,* elles sont plus étroites et presque orbiculaires. (Voy. l'*Errata* du *Conspectus.*)

P. 21. — **Falco eleonoræ.** — Cet oiseau est une bonne espèce, contrairement à ce qui a été dit à la page 21. Il est assez variable de plumage; sa variété noirâtre a souvent été prise soit pour le *F. ardosiaceus,* soit pour le *F. concolor.*

Pl. et p. 22 *et* 22*a.* — **Falco concolor.** — Comme nous venons de le dire, plusieurs auteurs ont pris une variété du *F. eleonoræ,* tantôt pour l'*ardosiaceus,* tantôt pour le *concolor;* il n'est donc pas très-certain que ces deux espèces se soient montrées en Europe.

Pl. et p. 41. — Le **Garrulus iliceti** est la var. *Krynicki,* Kal., qui habite le Caucase, l'Asie mineure et la Russie méridionale.

Pl. et p. 41*b.* — **Garrulus minor.** — Il est douteux que cette variété se soit montrée en Europe.

Pl. et p. 50 *a.* — **Turdus olivaceus.** — Cet oiseau ne s'est jamais montré en Italie. Un naturaliste marchand de Milan, a jugé à propos d'annoncer la capture de plusieurs individus de cette espèce, dans la province de Brescia, et il vendit des oiseaux tués en Afrique comme l'ayant été en Italie. Le professeur Flippi a été la première victime de cette supercherie, qui a été découverte et dévoilée il y a peu de temps par M. Salvadori.

Pl. et p. 50*b.* — **Turdus polyglottus.** — L'apparition de cette espèce en Grande-Bretagne n'a pas été confirmée; elle doit donc être rayée de la faune européenne.

P. 83. **Phylloscopus Pallasii** *(Reguloides superciliosus).* — Cette espèce est souvent confondue avec le *R. proregulus,* qui est cependant une espèce bien distincte habitant l'Inde. Voici les caractères distinctifs des deux :

R. superciliosus : d'un vert olivâtre uniforme en dessus; parties inférieures blanchâtres, lavées de jaunâtre; flancs et côtés de la poitrine lavés de verdâtre foncé, mais plus pâle que le dessus du corps; sourcils jaunâtres.

R. proregulus : même couleur que chez le précédent; sourcils très-larges, jaunes, se réunissant en arrière de la tête, chez les adultes; une raie jaunâtre au-dessus de la tête; croupion jaune.

---

[1] Les noms d'auteur et la valeur des oiseaux décrits comme espèces européennes étant soigneusement indiqués dans le *Conspectus* qui précède, nous n'avons pas jugé nécessaire de relever les erreurs de ce genre qui pourraient se trouver dans le texte descriptif.

P. 88*a.* — **Emberiza oryzivora** — C'est par erreur, paraît-il, que la capture de cet oiseau a été annoncée en Grande-Bretagne.

Tome II, *p.* 110. — **Picus cruentatus.** — Dans mon *Conspectus*, j'ai indiqué cet oiseau comme variété climatérique, mais avec doute. Je n'avais plus entre les mains l'individu qui a servi de modèle à mon père, ce qui m'a fait hésiter sur la question. Les auteurs qui se sont occupés de cet oiseau, sont aussi loin d'être d'accord : les uns le considèrent comme une variété du *P. medius*, les autres, comme une race du *P. major*, d'autres, enfin, voient en lui une bonne espèce. J'ai eu tout récemment l'occasion d'examiner un bel exemplaire adulte du *P. cruentatus* (*syriacus*, Hemp.) et de le comparer aux deux espèces mentionnées ci-dessus. Je suis bien convaincu aujourd'hui que ce pic n'est qu'une race locale du *P. major*, propre à l'Asie mineure.

P. 116. — **Alcedo bengalensis.** — Cet oiseau n'a pas été pris en Europe ; c'est d'après un faux renseignement qu'il a été figuré comme ayant été tué en Turquie..

P. 118*a.* — **Merops viridissimus.** — Même observation que pour l'espèce précédente.

P. 127, 128, 129 *et* 130, au lieu de *Perdrix francolinus*, *Perdrix græca*, etc., lisez *Perdix francolinus*, *Perdix græca*, etc.

Pl. 133, au lieu *Pluvier* à tête noire, lisez *Pluvian* à tête noire.

Pl. et p. 144, au lieu de Courlis boréal (*Numenius borealis*, Wils.), lisez Courlis d'Hudson (*N. hudsonicus*, Lath.)

P. 146. Au lieu de *Anthropoide virgo*, lisez *Anthropoides virgo*.

P. 149*a.* — **Ardea melanocephala.** — L'œuf figuré sur la pl. XXXVII, a été fait d'après un dessin à l'aquarelle, qui m'a été adressé par M. A. Lacroix, de Toulouse. M. Lacroix m'assure que des œufs de cette espèce lui ont été envoyés d'Algérie avec la mère tuée sur le nid.

P. 151. — Au lieu de *Botaurus bulbucus* lisez *B. bubulcus*.

P. 154, au lieu de *Fulcica cristata*, lisez *Fulica cristata*.

Pl. 155*a*, au lieu de Frégate brune *femelle*, lisez *jeune*.

P. 165. — **Larus plumbiceps.** — Il a été dit à la p. 165, que cette espèce est distincte du *L. atricilla*, parce que Linné a, par erreur, décrit les pattes de ce dernier comme étant noires, tandis qu'elles sont en réalité d'un rouge de laque. Le nom de *L. plumbiceps* est donc synonyme de *L. atricilla*, et c'est ce dernier qui doit avoir la priorité.

P. 175*a.* — **Fratercula corniculata.** — Nous avons, d'après M. Gerbe (*Ornithologie européenne*), considéré le *F. glacialis* comme synonyme du *F. corniculata*, ce qui est une erreur. Ce dernier est une bonne espèce, mais ne se montre jamais dans le nord de l'Europe. Quant au *F. glacialis*, il doit être admis comme variété climatérique du *F. arctica*, propre au Spitzberg et au Groenland.

Pl. et p. 190. — **Anser cœrulescens.** — N'est en réalité qu'un jeune *A. niveus* (*hyperboreus*).

TABLE MÉTHODIQUE

DU TOME II DE LA SECONDE SÉRIE.

FAMILLE XXI. — TÉTRAONIDÉS.

FAMILLE XXII. — PHASIANIDÉS.

FAMILLE XXIII. — PERDICIDÉS.

CINQUIÈME ORDRE. — ÉCHASSIERS.

FAMILLE XXIV. — OTIDÉS.

FAMILLE XXV. — CHARADRIADÉS.

FAMILLE XXVI. — GLAREOLIDÉS.

FAMILLE XXVII. — SCOLOPACIDÉS.

FAMILLE XXVIII. — NUMENIIDÉS.

FAMILLE XXIX. — GRUIDÉS.

FAMILLE XXX. — ARDÉIDÉS.

SIXIÈME ORDRE. — ALECTORIDES.

FAMILLE XXXI. — RALLIDÉS.

SEPTIÈME ORDRE. — ÉCHASSIERS-PALMIPÈDES.

FAMILLE XXXII. — PHÉNICOPTÉRIDÉS.

HUITIÈME ORDRE. — PINNATIPÈDES.

FAMILLE XXXIII. — FULICIDÉS.

NEUVIÈME ORDRE. — PALMIPÈDES.

FAMILLE XXXIV. — PÉLÉCANIDÉS.

FAMILLE XXXV. — PROCELLARIDÉS,

SUPPLÉMENT AU TOME PREMIER.

TABLE ALPHABÉTIQUE

DES

GENRES & DES ESPÈCES

CONTENUS

DANS LA SECONDE SÉRIE.

P

R.

	Tome.	Planche.	Œufs. Planche.	Figure.
Regulus calendula	I.	82a.		
Roitelet, voy. *Regulus*.				
Rouge-queue, voy. *Ruticilla*				
Rousserolle, voy. *Calamoherpe*.				
Rubiette, voy. *Erithacus*.				
Ruticilla aurora	I.	58		
— Cairii	I.	59		
— erythrogastra	I.	58		
— Moussieri	I.	60		

S

	Tome.	Planche.	Œufs. Planche.	Figure.
Saxicola atrogularis	I.	56	XV	56
— aurita	I.	57	XII	57
— leucomelæna	I.	55	XII et XVIIIa.	55
— leucura	I.	54	I	54
— orientalis	I.	55a.		
Scops asio	II.	197		
Serin, voy. *Serinus*				
Serinus aurifrons	I.	101		
— desertorum	I.	100	VIII	100
— longicauda	I.	102		
Sitelle, voy. *Sitta*				
Sitta syriaca	II.	108		
— uralensis	II.	107	XXXII	107
Somateria Stelleri	II.	187		
Starique, voy. *Phalaris*				
Sterna Bergii	II.	174a.	XXII	173a.
— flavirostris	II.	174	XXII	174
— fuliginosa	II.	173	XXXV	173
— stolida	II.	174b.	XXXII	174b.
Strix lapponica	I.	28		
— meridionalis	I.	26		
— nebulosa	I.	27a.	XVIIIa.	27
— nivea	I.	29	VIII	29
— pusilla	I.	25	XVa.	25
— uralensis	I.	27	XVII	30
Sturnella collaris	I.	44a.		
Sturnus unicolor	I.	44	XVIIa.	44
Sylvia conspicillata	I.	68		
— melanocephala	I.	65	IV	65
— nisoria	I.	64	III	64
— provincialis	I.	70	X	70
— Ruppelli	I.	66	XVIa.	66
— sarda	I.	69	IX	69
— subalpina	I.	67	I	67
Sylvicola atrigularis	I.	73	XVIIIa.	73
Syrrhaptes Pallasii	II.	123		

T

	Tome.	Planche.	Œufs. Planche.	Figure.
Tachypetes aquilus	II.	155	XXXII	155
Tantalus ibis	II.	145a.		
Tarin, voy. *Carduelis*.				
Tetraogallus caucasicus	II.	127		

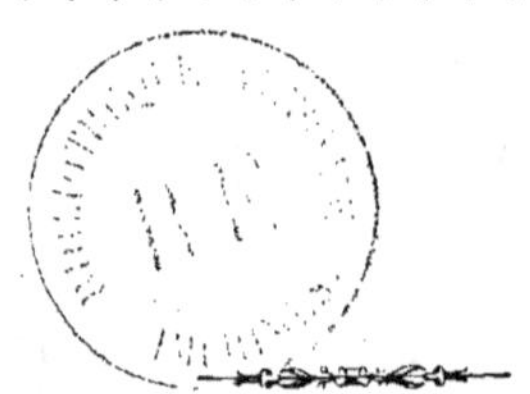

Sitelle de l'Oural

SITELLE DE L'OURAL.

SITTA URALENSIS, LICHST.

URAL NUTHATCH. — URALISCHE SPECHTMEISE.

Temm., t. IV, p. 645. — Degl., t. I, p. 602. — Gould, t. III, pl. 236. — Schleg., REVUE CRIT., p. XLVIII. — SITTA EUROPÆA, Lin. — S. SIBIRICA, Pall. — S. ASIATICA, Gould. — S. SERICEA, Tem.

La sitelle de l'Oural est un habitant du nord de l'Europe que l'on rencontre au Caucase, en Sibérie jusqu'au Kamtschatka, en Russie, en Suède et en Norwége.

Cet oiseau n'est qu'une variété climatique de la *Sitta cœsia*, qui est très-commune en Suède, il a été décrit par Linné sous le nom de *Sitta europœa*, bien qu'il appartienne plutôt à l'Asie. Cette variété se distingue de la véritable espèce par sa couleur grise qui est plus foncée et surtout par l'éclatante blancheur de sa partie abdominale. Elle se trouve également en Danemark, mais dans ce pays le blanc de sa partie abdominale prend déjà une teinte jaunâtre.

Pour ce qui concerne son mode de propagation, il ne diffère en rien de celui de la *S. cœsia*. Nous croyons donc qu'il est inutile de figurer les œufs des variétés climatiques en général, lesquels sont toujours semblables à ceux de l'espèce. On sait combien les œufs sont sujets aux variations de couleur et même de forme ; aussi, les marchands profitent-ils de ces petites différences, pour faire passer de tels œufs comme provenant d'espèces distinctes et qui ne sont pourtant que des variétés climatiques, ils vendent alors ces œufs à des prix exagérés aux amateurs, qui les font souvent figurer dans les collections. Ces oiseaux sont toutefois d'un grand intérêt pour la science et devraient toujours trouver place dans les cabinets d'histoire naturelle.

Sitelle syriaque.

SITELLE SYRIAQUE.

SITTA SYRIACA, EHRENBERG.

THE SYRIA NUTHATCH. — SYRISCHE SPECHTMEISE.

Temm , t. III. p. 286. — Degl., t. I. p. 605. — Bree, BIRDS OF EUR. NOT OBS. IN THE BRIT. ISLES, t. III, p. 151. — Schleg., REVUE, p. XLVIII. — v. d. Müh., ORNITH GRIECHENL. p. 50, n° 95. — Sitta Naumayeri, Michah. — S. rufescens, Gould. — S. rupestris, Temm.

Les monts du Levant sont la patrie de ce petit oiseau ; on le trouve en Anatolie, en Syrie, en Dalmatie et en Grèce.

Cette sitelle habite presque constamment les régions montagneuses et solitaires qu'elle égaie par sa voix agréable et un peu rieuse, dont on pourrait rendre les notes par *hididididi*. Quelquefois cet oiseau s'aventure dans les plaines, où il recherche de préférence les endroits rocailleux et les eaux douces entourées de rochers. Il se plaît aussi dans les vieux bâtiments en ruine, où il grimpe le long des pierres chancelantes et dans les lézardes, pour chercher des insectes, des larves et des vers dont il fait sa principale nourriture.

La nidification commence vers la fin de mars ou dans les premiers jours du mois d'avril. Le nid est placé à l'entrée d'une excavation de rocher ou de vieille muraille, de façon qu'il soit à l'abri de la pluie et du vent. Il est grand et en forme de boule ou de gourde; l'entrée en est tubuliforme. Ce nid est formé d'argile entremêlée de substances résineuses (provenant principalement des *Pistacia terebinthus* et *lentiscus*), de plumes, de poils, de laine et de radicelles. Quand le soleil darde ses rayons brûlants sur cette singulière construction, les matières résineuses fondent et se mélangent plus intimement aux autres substances. Ce nid est très-rugueux, et sa couleur grisâtre fait croire qu'il est tapissé extérieurement de lichens. A l'intérieur on trouve quelques plumes et un peu de laine sur lesquelles reposent cinq ou six œufs.

Comme le nid de cette sitelle devient très-dur en séchant, il peut servir plusieurs années.

Pic noir

1. Mâle, 2. Femelle.

PIC NOIR.

PICUS NIGER, BRISSON.

BLACKWOOD PECKER. — SCHWARZ SPECHT.

Temm., t. I, p. 390. — Gould, t. III, pl. 225. — Naum, t. V, pl. 131. — Degl., t. I, p. 225. — Thien., pl. XI, fig. 1. — Beseke, vg. Kurlands, p. 37. — Picus martius, Lin. — P. maximus, Gerner. — Dendrocopus martius et D. pinetorum, Brehm. — Dryotomus martius, Swains. — Dryocopus martius, Boie. — D. alpinus, D. niger et D. pinetorum, Brehm.

Ce pic, le plus grand de tous ceux qui habitent notre continent, se rencontre dans une grande partie de l'Europe et de l'Asie; il est même commun dans plusieurs parties de l'Allemagne, mais on le trouve plus rarement en Suède et en Norwége, et il est très-rare en Grande-Bretagne. On le voit également en Sibérie et en Perse.

Cet oiseau se tient de préférence dans les forêts, et surtout dans les endroits boisés et solitaires des régions montagneuses, où il passe presque toute l'année, car il ne les quitte que bien rarement, pour aller dans un petit bois touffu voisin. C'est en général un oiseau remuant et adroit, mais timide et prudent au plus haut degré. Il lui arrive souvent de voler à une grande distance sans s'arrêter, et en faisant retentir les bois de ses cris aigus.

La nourriture de cet oiseau se compose de coléoptères, de fourmis, de guêpes, d'œufs de papillons et de chrysalides, ainsi que de graines de pin, de faines, de noisettes et de baies de différentes plantes.

L'époque de la pariade commence en avril; pendant ce temps les cris et les mouvements ne sont guère épargnés, surtout lorsqu'il se trouve un autre mâle dans le voisinage. La femelle ne tarde pas alors à pratiquer un trou qui doit lui servir de nid; elle choisit à cet effet l'endroit d'un arbre qui commence à se gâter, ou bien met à profit un ancien trou, qu'elle se contente de nettoyer et de réparer. Vers la mi-avril, elle dépose trois à cinq œufs, rarement six, sur une litière formée de copeaux de bois.

Pic cruentale

PIC CRUENTALE.

PICUS CRUENTATUS, ANTINORI.

RED-COLLARED WOODPECKER. — ROTHBINDIGE SPECHT.

Naumannia, Journ. für Ornith. t. VI, p. 411 (1856). — Picus Damascenus, Antin.

Ce pic est assez commun dans plusieurs parties de la Syrie ; il visite de temps en temps la Turquie d'Europe. On le trouve également en Anatolie, surtout dans les provinces du Sud baignées par la mer.

M. Antinori dit que ces pics se montrent en grand nombre dans les jardins de Damas, où ils sont attirés par l'abondance des arbres à fruits doux, tels que pruniers, cerisiers, abricotiers, etc., qui portent pendant tout l'été des fruits les plus succulents. Ces oiseaux choisissent de préférence les arbres fruitiers, parce que ceux-ci sont peuplés d'une quantité innombrable de fourmis, qui forment la nourriture favorite des pics ; ils rendent par ce fait des services aux arboriculteurs.

Le pic cruentale n'aime pas la solitude, mais il se tient toujours dans le voisinage des habitations ; il est très-rare de le voir dans les forêts. La voix de cet oiseau ressemble beaucoup à celle du *Picus major*, mais il la fait entendre moins souvent que ce dernier.

La nidification a lieu dans le creux d'un vieil arbre ; la femelle dépose quatre à six œufs d'un blanc pur, sur une litière de bois vermoulu.

Pic villeux.

1. Mâle, 2. femelle.

PIC VILLEUX.

PICUS VILLOSUS, LIN.

HAIRY WOODPECKER. — ZOTTIGER SPECHT.

Richards. et Swains., FAUNA BOR. AMERIC., t. II, p. 303.—Audub. BIRDS OF AMER., t. II, p. 244.
Penn., BRIT. ZOOL., t. I, p. 324. — Lewin, BRIT. BIRDS, pl. 50. — Eyton, CAT. BRIT. BIRDS,
p. 66. — DRYOBATES VILLOSUS, Boie. — DENDROCOPUS VILLOSUS, Swains.

On rencontre ce pic à la baie d'Hudson, au Canada, en Virginie, en Pensylvanie, au Texas et sur les rives du Mississipi. Il n'arrive qu'accidentellement en Europe ; il a été tué en Grande-Bretagne, dans les comtés d'Halifax et de Yorkshire.

Cet oiseau est peu farouche ; il se tient volontiers, et en toute saison, sur les arbres des jardins, ainsi que sur ceux qui bordent les plantations ou qui sont isolés dans les champs. Il aime aussi à grimper dans le touffu des forêts et sur les arbres des marais salins qui avoisinent le Mississipi. Ce pic montre une grande gaieté quand il fait la chasse aux larves et aux insectes ; outre ces derniers, il se nourrit encore, durant l'automne et l'hiver, de graines et de baies ; il n'est pas rare alors de le rencontrer dans les fermes, en société d'autres espèces, où il recherche les graines abandonnées par les oiseaux de basse-cour.

Le cri sonore et strident du pic villeux fait bientôt connaître sa présence au chasseur, qui peut aisément l'abattre, surtout que l'oiseau est si peu farouche.

Le pic villeux niche, en mai et en juin, dans le trou d'un arbre ; la femelle dépose généralement six œufs, à coque transparente, sur une faible litière de copeaux. Dans plusieurs localités, il se fait une seconde couvaison vers la fin de l'été, mais la ponte n'est alors le plus souvent que de quatre œufs.

Pic pubescent.

PIC PUBESCENT.

PICUS PUBESCENS, LINNÉ.

DOWNY WOODPECKER. — FLAUMFEDERIGER SPECHT.

Wils. Am. Ornith., t. I, pl. 9, fig. 4, p. 153. — Richards. et Swains. Fauna bor. Am., p. 307. — Audub. Birds of Am., t. IV, pl. 263. — Briss. t. IV, p. 50, n° 18. — Dendrocopus pubescens, Swains. — Picus varius virginianus, Briss.

Ce pic habite les États-Unis ; on le trouve en Floride, en Virginie et au Labrador ; il est très-commun à l'est du fleuve Rockymontain. C'est un oiseau généralement sédentaire, mais qui émigre quelquefois par couple vers le sud ; pendant ses voyages ce pic est quelquefois poussé par le vent sur des terres étrangères : c'est ainsi qu'il s'est déjà montré plusieurs fois en Grande-Bretagne.

Cet oiseau vit dans les jardins et dans les bois. Il surpasse en vivacité tous ses congénères : on le voit constamment occupé à faire des trous dans les arbres et à enlever, avec beaucoup de régularité, les fragments d'écorce qui le gênent. Audubon croit que cet oiseau est plutôt utile que nuisible aux arbres, à cause de la quantité d'insectes malfaisants qu'il détruit. Ce pic vole en décrivant des ondulations dans les airs et en faisant parfois entendre son cri sonore, que les échos répètent au loin.

Le pic pubescent se tient généralement, en été, dans les épaisseurs des bois, où il fait la chasse aux insectes et aux larves ; mais en automne il se nourrit plus spécialement de baies et s'approche davantage des habitations ; en hiver, il n'est même pas rare de le rencontrer dans les fermes, car il est peu farouche.

La nidification a lieu vers le milieu du mois d'avril. Le mâle aide sa compagne à creuser le trou qui doit contenir leur progéniture. Ce trou a plusieurs pieds de profondeur ; il est creusé en forme de cylindre ou de nacelle. La femelle pond cinq ou six œufs, pour lesquels elle ne prépare pas la moindre litière.

Dans les états du centre et du sud de l'Amérique, il se fait généralement deux pontes par an.

Pic tridactile

1. Male. 2. Femelle.

PIC TRIDACTILE.

PICUS TRIDACTYLUS, LINNÉ.

THREE-TOED WODPECKER. — DREIZEHIGE SPECHT.

Temm., t. I, p. 401. — Degl., t. I, p. 161. — Gould, t. III, pl. 232. — Naum., t. V, pl. 137.—
APTERNUS TRIDACTYLUS, Swains. — DRYOBATES TRIDACTYLUS, Boïe. — PICOIDES EUROPÆUS, Less.
— P. ALPINA et MONTANUS, Brehm.

Ce pic habite la Suisse allemande, la Suisse française, les montagnes
de la Bohême et de la Silésie, la Suède, la Norwége, la Finlande, la
Russie et la Sibérie. En automne, il quitte les forêts des montagnes pour
venir dans celles des plaines, et on le voit même dans les jardins situés
près des habitations. Les lieux qu'il recherche de préférence sont ceux
plantés de pins et de sapins, car il joint aux insectes qui forment sa
principale nourriture, les graines de ces arbres, surtout celles du *Pinus
cembra*, ainsi que les baies d'aubépine.

Cet oiseau, vif et adroit, se querelle souvent avec ses semblables. Son
cri ressemble à *kgik*, qu'il entremêle d'une espèce de glapissement
répété à plusieurs reprises. Il est en général peu timide et par conséquent assez facile à surprendre.

Dès que la température du printemps le permet, ce pic cherche le trou
d'un arbre pour y construire son nid; s'il ne parvient pas à en trouver,
il s'en creuse un lui-même, mais il choisit alors de préférence un arbre
isolé. Cela fait, la femelle dépose dans ce trou quatre à cinq œufs sur une
litière formée de copeaux. Les œufs du *Picus tridactylus* ne diffèrent
des œufs du *Picus media,* que par leur forme un peu plus allongée; ils
sont par cela même assez difficiles à distinguer à la première vue. Les
deux sexes se partagent les soins qu'exige leur progéniture.

Coua maculé.
1. Mâle. 2. femelle.

Genre Coua. — *Coccystes,* Glog.

COUA MACULÉ.

COCCYSTES MACULATUS, DUBOIS.

SPOTTED CUCKOW. — GEFLECKTE COUA.

Temm., t. 1, p. 274. — Gould, t. III, pl. 241. — Degl., t. I, p. 170. — Naum., t. V, pl. 160. — v. d. Mühle, ORNITH. GRIECHENL., n° 43. — Savi, ORNITH. TOSCANA, t. I, p. 154. — Naumannia, t. II, p. 50. — CUCULUS GLANDARIUS, Lin. — C. MELISSOPHANUS, Vieill. — C. ANDALUSIÆ, Briss.— C. PISANUS, Gmel. — C. MACROURUS et C. GRACILIS, Brehm. — OXYLOPHUS GLANDARIUS, Bonap. — COCCYZUS PISANUS, Vieill. — C. GLANDARIUS, Savi. — COCCYSTES GLANDARIUS, Glog.

Cette espèce habite la Syrie, l'Égypte, la Nubie, le Sénégal, la Gambie et la Cafrerie où elle est très-commune. En Europe, elle se trouve en Grèce et visite, pendant ses migrations, la Toscane, l'Italie, l'Espagne et le midi de la France ; elle arrive même, mais rarement, en Allemagne, en Grande-Bretagne et, d'après M. Gätke, à l'île Heligoland.

C'est un oiseau farouche qui, en Afrique, se tient le plus souvent caché entre des mimosa, où il livre des combats presque continuels à ses semblables ; il montre dans ces luttes une agilité incroyable et vole, avec la rapidité d'une flèche, à travers les endroits les plus touffus, en faisant retentir l'air de ses cris qui ressemblent à *kiekkiek, kiek, kiek.*

Pour ce qui concerne la propagation de cette espèce, nous en devons la découverte à M. A. E. Brehm, qui l'a observée avec beaucoup de soin en Égypte. D'après ce que dit ce naturaliste, le coua maculé agit de la même façon que le coucou, c'est-à-dire qu'il dépose ses œufs dans les nids de différentes espèces d'oiseaux, auxquels il laisse le soin de veiller à sa propre progéniture. M. Brehm trouva, par exemple, un œuf de cet oiseau dans le nid du *Corvus cornix*, et, chose singulière, cet œuf avait même la couleur des œufs de ce corbeau ; une autre fois, il vit une corneille qui nourrissait un jeune coua qui se trouvait avec ses jeunes.

Coua d'Amérique.

COUA D'AMÉRIQUE.

COCCYSTES AMERICANUS, KEYS. ET BLAS.

AMERICAN CUCKOW. — AMERIKANISCHER KOUA.

Degl., t. I, p. 172. — Temm., t. III, p. 277. — Gould, BIRDS OF EUR., t. III, pl. 242. — Schleg, REV., p. LI. — Wils. AM. ORNITH., t. IV, pl. 13.

Cette espèce habite l'Amérique du Nord depuis la Jamaïque jusqu'au Canada ; elle vient vers la fin d'avril en Pensylvanie, où on la rencontre jusqu'au lac Ontario. Elle est commune dans les provinces de Chickasaw et de Chactaw, ainsi que dans la partie nord de la Géorgie. En Europe, elle a été tuée plusieurs fois en Angleterre et en Irlande.

Ce coua recherche habituellement le voisinage des marais solitaires et des vergers de pommiers. Il est très-farouche et se tient dans les feuillages les plus touffus. Son cri ressemble à *kow, kow,* commençant lentement mais les dernières notes finissent toujours par se confondre ; il paraît que ces cris se font particulièrement entendre à l'approche de la pluie, ce qui fait qu'en Virginie on considère cet oiseau comme en étant le précurseur. La femelle est si apathique qu'on peut la prendre avec la main ; elle se jette même parfois à terre, feignant d'être blessée et battant de l'aile à la façon des perdrix, pour éloigner le danger de sa couvée.

La nourriture de cette espèce consiste principalement en chenilles qui infestent les pommiers et en baies.

A l'approche de l'accouplement, les mâles se livrent des combats acharnés pour la possession des femelles ; la construction du nid commence dans la première quinzaine de mai, sur une branche horizontale d'un pommier, quelquefois aussi d'une épine solitaire ou d'un cèdre. Le nid, de forme concave sans aucune élégance, se compose, d'après Wilson, de buchettes entremêlées d'herbes sauvages et de fleurs de l'érable commun. Il contient trois à quatre œufs. Pendant que la femelle couve, le mâle est généralement peu éloigné et donne l'alarme en cas de danger ; il partage avec sa compagne les soins qu'exige l'entretien des petits.

Coua erythropthalma

COUA ÉRYTHROPHTHALME.

COCCYSTES ERYTHROPHTHALMUS, DUBOIS.

THE BLACK-BILLED CUCKOO. — ERYTHROPHTHALM KOUA.

Wils. Am. Ornith., vol. IV, p. 16, pl. 1. — Schinz, Naturg und Abbild. der Vög., p. 160. pl. 58, fig. 4. — C. Bolle, in Journ. für Ornith., t. VI (1858), p. 457. — *Coccyzus erythrophthalmus*, Vieill. — *Cuculus erythrophthalma*, Wils.

Cet oiseau a pour patrie l'Amérique du Nord, où on le trouve surtout en Géorgie. Ce n'est que tout accidentellement qu'il se montre en Europe, et encore n'a-t-on connaissance que d'un seul individu qui ait été réellement pris sur notre continent : c'est l'oiseau dont parle M. le Dr C. Bolle, et qui a été tué, en 1857, près de Lucca, et aussitôt envoyé en chair à M. Savi, de Pise.

Cette espèce est aussi peu sociable que le coucou d'Europe, mais il est moins farouche que ce dernier. Son cri ressemble à *cove, cove, cove, cove*, répété sans interruption.

La nourriture de ce coua se compose principalement de chenilles, et de préférence de celles dont le corps est couvert de poils et qui vivent sur les pommiers. On dit aussi qu'il se nourrit quelquefois d'œufs d'oiseaux.

L'accouplement a lieu en mai, et les mâles se battent souvent à cette époque pour le choix des femelles. Celles-ci prennent grand soin de leurs œufs; les mâles aident leur compagne à nourrir les petits et se montrent très-attachés à leur famille. Le nid est généralement fixé sur une branche horizontale de pommier, de cèdre ou d'aubépine. Il est construit sans art et se compose de buchettes entremêlées de brins d'herbe et de feuilles, parfois aussi de fleurs d'aubépine. Les trois ou quatre œufs que pond la femelle reposent au fond de ce nid sans aucune litière spéciale.

Martin-pêcheur leucomèle.

MARTIN-PÊCHEUR LEUCOMÈLE.

ALCEDO LEUCOMELAS, DUBOIS.

BLACK-AND-WHITE KINGFISHER. — WEIS UND SCHWARZE EISVOGEL.

Temm., t. III, p. 294. — Degl., t. I, p. 622. — Gould, pl. 62. — Bree, vol. III, p. 166. — v. d. Mühle, ORNITH. GRIECHENL, n° 50. — Malh., OIS. D'ALGÉRIE, p. 17. — Rüpp., VG. N.-O. AFRIKA'S, n° 89. — Hartl., SYST. ORINTH. WEST AFR., p. 37, n° 103. — CERYLE RUDIS, Boie. — C. LEUCOMELOS, Breh. — C. VARIA, Strickl. — ALCEDO ISPIDA ALBA et NIGRA VARIA, Briss. — A. RUDIS, Lin. — A. CERYLEVARIA, Strickl.

Ce martin-pêcheur se trouve répandu dans une grande partie de l'Afrique; il est commun en Algérie, en Égypte, en Syrie, sur la côte d'Or, dans la Turquie d'Asie, et surtout près du golfe de Smyrne. On le rencontre encore en Grèce, mais il ne vient qu'accidentellement en Espagne, en Sicile et en Dalmatie; on le voit souvent aussi voler au-dessus du Nil et des canaux avoisinants.

Cet oiseau plane souvent au-dessus de l'eau en tenant la tête penchée et en secouant le bec, mais dès qu'il aperçoit un poisson, il s'abat pour le saisir; les poissons constituent sa principale nourriture.

Ce martin-pêcheur niche sur le bord des eaux et même dans des trous assez profonds qu'il creuse lui-même et dont le fond est plus large que l'entrée. La femelle y dépose sur la terre nue cinq à six œufs d'un blanc brillant et à grain très-rude; on trouve cependant quelquefois dans le même trou et près des œufs des écailles et des os de poissons que la femelle a rejetés faute de pouvoir les digérer, mais ces restes ne servent nullement de litière comme on l'avait prétendu.

Il existe un autre martin-pêcheur qui ressemble beaucoup à l'*A. leucomelas* et qui a même été considéré comme tel par plusieurs auteurs, c'est l'*Alcedo bicincta* ou *Ispida bicincta* (voy Swains, *Birds of Western Africa*, vol. II, p. 95). Ce dernier possède une double bande sur la poitrine et le blanc a un aspect satiné; il habite le Sénégal, et jusqu'à ce jour sa présence n'a pas encore été constatée en Europe.

Martin-pêcheur du Bengale.

MARTIN-PÊCHEUR DU BENGALE.

ALCEDO BENGALENSIS, GMEL.

INDIAN KINGS-FISHER. — BENGALISCHE EISVOGEL.

Briss., t. IV, p. 475. — Kittl., Kupf., pl. 29, fig. 2. — Pall., Ross. asiat., p. 437. — Alcedo Pallasii, Ever. — A. advena, Brehm. — A. ispidoides, Eess.

Ce petit martin-pêcheur paraît remplacer aux Indes notre *Alcedo ispida*, avec lequel il n'offre que peu de différence, laquelle consiste dans la grandeur, dans le bec qui est proportionnellement plus long que celui de l'*Alcedo ispida*, et dans la couleur du plumage qui est d'un vert plus bleuâtre. Il habite le Bengale, le Japon, les îles de Java, de Ceylan et de Timor ; M. de Kittlitz l'a trouvé à l'île Luçon ; on le rencontre aussi en Asie Mineure, mais il ne vient qu'accidentellement dans la Turquie d'Europe.

Les bords des eaux courantes et stagnantes sont les lieux de prédilection de cet oiseau. On le voit souvent sur une pierré, ou tout autre objet faisant saillie hors de l'eau, sur lequel il se pose pour guetter les petits poissons. Dès qu'il en a aperçu un, il s'élance dessus et revient avec sa proie se remettre sur son petit observatoire, ou bien il rase la surface des eaux pour saisir sa proie au vol.

Ce martin-pêcheur niche sur les parties à pic des rivages et à peu de distance du niveau de l'eau ; il se creuse pour cela un trou dans une terre molle, et la femelle y pond cinq à huit œufs d'un blanc pur.

Martin-pêcheur de Smyrne.

MARTIN-PÊCHEUR DE SMYRNE.

ALCEDO SMYRNENSIS, GMEL.

SMYRNA KINGFISHER. — SMYRNA EISVOGEL.

Brée, BIRDS OF EUR., t. IV, p. 218. — v. Kitlitz, KUPFERF., pl. 14, fig. 2. — Meyer, BEITR. Z. ZOOL., p. 94. — THE IBIS, vol. II, p. 48. — HALCYON SMYRNENSIS, Strickl. — ENTHOMOTHERA SMYRNENSIS et E. GULARIS, Rchb. — ALCEDO MELANOPTERA, Temm. — A. GULARIS, Kuhl. — A. RUFIROSTRIS (Berliner Museum).

Ce martin-pêcheur habite l'Inde, depuis l'île de Ceylan jusqu'au pied des monts Hymalaya et toutes les contrées de l'est jusqu'en Chine ; M. von Kitlitz l'a également trouvé sur l'île Luçon. Il est rare en Perse, en Asie Mineure, et n'arrive qu'accidentellement en Turquie d'Europe.

Il préfère généralement les lieux fort boisés et se repose volontiers sur les branches d'un arbre élevé, sur un rocher ou toute autre éminence ; il fréquente aussi les cours d'eau, les prairies touffues et s'approche même quelquefois des jardins.

Pour guetter sa proie, cet oiseau se place sur un poteau, une pierre, un tronc d'arbre renversé, etc., et dès qu'il l'a aperçue, il s'élance sur elle et l'emporte à sa place première pour la dévorer. Sa nourriture se compose de crabes, d'insectes, de reptiles, de petits poissons et de souris.

Le cri de cet oiseau ressemble assez bien au bruit d'une crécelle, et il le fait presque toujours entendre en volant.

Ce martin-pêcheur niche sous une pierre saillante, dans la cavité d'un talus ou bien encore dans le tronc d'un vieil arbre. Sa ponte est de deux à sept œufs.

Martin-pêcheur alcyon!

MARTIN-PÊCHEUR ALCYON.

ALCEDO ALCYON, LINNÉ.

ALCYON KINGFISHER. — ALCYON EISVOGEL.

Degl., ORNITH. EUR., t. I, p. 623. — Wils., AM. ORNITH., t. III, p. 23. — Richards. et Swains., FAUNA BOR. AM , p. 339. — Thomps., ANN. ET MAG. NAT. HIST., 1847, p. 313. — Morris, HIST. OF BRIT. BIRDS, t. I. — Yarr., BRIT. BIRDS, 3. SUPPL. — CERYLE ALCYON, Boie. — MEGACERYLE ALCYON, Kaup. — ISPIDA ALCYON, Swains.

Le martin-pêcheur alcyon habite les États-Unis , où il est abondant sur les bords du Missouri et d'autres grands fleuves de la république; on le trouve en général depuis le Texas jusqu'au Labrador et la baie d'Hudson. Il ne se montre qu'accidentellement en Grande-Bretagne, où on l'a tué en Irlande.

Le vol de cette espèce est excessivement rapide : l'oiseau fait aisément un trajet de vingt à trente lieues en passant même au-dessus des forêts, car il vole généralement à de grandes hauteurs. Lorsqu'une eau est gelée sur toute son étendue, le martin-pêcheur se place sur un arbre à proximité du fleuve ou du lac gelé et s'efforce de découvrir une ouverture dans la glace; dès qu'il en aperçoit une, il se hâte d'aller y faire sa pêche, que l'eau soit douce ou salée, peu lui importe. Lorsqu'il vole au-dessus d'une eau, on le voit parfois s'arrêter brusquement et planer durant quelques instants au-dessus d'un certain endroit, s'y abattre ensuite et saisir un poisson qu'il va dévorer à son aise sur un arbre.

Cet oiseau niche contre le rivage, où il se creuse, à l'aide du bec et des pattes, un trou d'une profondeur de quatre à six pieds, dont le fond est plus large que l'entrée; ce trou est foré parallèlement au sol. La femelle y dépose, sur une faible litière, cinq à six œufs blancs, qu'elle couve alternativement avec le mâle.

Guêpier Savigny.

GUÉPIER SAVIGNY.

MEROPS SAVIGNII, SWAINSON (1).

SAVIGNY BEE-CATER. — SAVIGNY BIENENFRESSER.

Temm., t. IV, p. 649. — Degl.. t. I, p. 648. — Gould., t. II, pl. 25. — Malh., FAUNE DE SICILE, p. 141. — v. d. Mühle, ORNITH. GRIECHENLAND'S, n° 52. — Swains., BIRDS OF WEST AFR., t. II, pl. 7. — Hartl., ORNITH. WEST AFRIKA'S, p. 38, n° 107. — MEROPS PERSICUS, Pall. — M. ÆGYPTIUS, Forskål. — M. PERSICA, Keys. et Blas.

Cette espèce habite en Afrique le Sénégal, la Sénégambie et les rives du Casamansa ; d'après Pallas, il ne va pas plus au nord en Asie, que jusqu'au gouvernement d'Astrakan, la Perse et les bords de la mer Caspienne. En Grèce, il fut souvent trouvé sur les marchés, par M. le comte von der Mühle, parmi des guépiers apivores, qu'on y porte par bottes pour les faire servir sur la table ; il paraît que dans ce pays ces oiseaux constituent un met assez recherché. Le guépier Savigny visite aussi de temps en temps l'Italie et le midi de la France.

Les oiseaux de cette espèce volent en société dans le voisinage des eaux, où ils attrapent des mouches et des guêpes pendant leurs évolutions aériennes ; ils vont sur les arbres soit pour se reposer, soit pour y chercher des insectes. Leur timidité et leur prudence rend leur chasse difficile.

Ces oiseaux aiment beaucoup à nicher en société sur les terrains coupés à pic, où ils se creusent des espèces de galeries de cinq à six pieds de profondeur, plus larges à leur extrémité qu'à leur orifice. Les quatre à six œufs que pond la femelle reposent sur de la mousse et des brins d'herbe.

(1) Le prince Bonaparte a fait une erreur en donnant ce guépier sous le nom *Merops Ægyptius,* dans sa *Fauna Italica ;* cette même faute a été reproduite plus tard par plusieurs autres auteurs.

Guêpier vert

GUÉPIER VERT.

MEROPS VIRIDISSIMUS, SWAINS.

GREEN BEE-EATER. — GRÜNE BIENENFRÄSSER.

Briss., t. IV, p. 549, pl. XLII, fig. 2.— Swains., BIRDS OF WEST-AFR., t. II, p. 82. — Licht., VER. DE DOUB. Kittlitz, KUPF. 7, fig. 1. — MEROPS ÆGYPTIUS, LIN.

Durant toute l'année, ce guépier est commun dans le nord-est de l'Afrique, où il habite principalement l'Arabie, le Sénégal, l'Égypte et la Nubie; on le trouve aussi en Cafrerie, à l'île de Madagascar, près de la mer Caspienne et du fleuve Oural. Parmi une collection d'oiseaux, pris en Grèce, que nous reçûmes il y a quelques années, nous trouvâmes, dans un grand nombre de *Merops apiaster*, quelques *M. Savignii* et un *M. viridissimus;* nous pouvons conclure de là que ce dernier vient également en Grèce et peut, par conséquent, être admis dans la faune européenne.

Ces guépiers volent en société, comme les hirondelles; ils cherchent leur nourriture, qui se compose de différents insectes, aussi bien en volant qu'à l'état de repos.

Cet oiseau niche dans des trous sur les rivages pierreux, où il pond quatre à six œufs qui reposent sur une litière formée de mousse et de quelques brins d'herbe.

148.⁶

1/3

Colombe rupicole

COLOMBE RUPICOLE.

COLUMBA RUPICOLA, PALL.

THE RUPICOL DOVE. — RUPICOL TAUBE.

Pall., Zoogr. t. 1, p. 566. — Temm. Pl. col. 550. — Bonap., Coup d'oeil sur l'ord. des Pigeons, p. 29. — Degl. et Gerb., Ornith. Eur., II, p. 15. — Columba gelastis, Temm. — C. ferrago, Eversm. — Turtur rupicola, Bonap.

La colombe rupicole est très-voisine de la colombe tourterelle, dont elle se distingue par les caractères suivants : les ailes sont plus longues, la queue est plus courte et n'a point de blanc ; le bout des pennes et le bord extérieur de la latérale sont cendré-bleuâtre ; les couvertures du dessous de la queue sont aussi de cette couleur ; toute la partie abdominale est d'une teinte lie de vin ; les flancs et le croupion sont d'un beau bleu cendré ; la poitrine et le dos ont une couleur terreuse et la gorge isabelle.

Cette espèce habite le Japon, les Alpes de la Sibérie et les bords du lac Baical ; on la rencontre accidentellement en Russie.

Les mœurs et la propagation de cette colombe sont peu connues ; il paraît cependant qu'elle se tient plus volontiers sur les rochers que dans les bois. Elle s'apprivoise facilement, et les Japonais l'élèvent en captivité.

Colombe d'Egypte

COLOMBE D'ÉGYPTE.

COLUMBA ÆGYPTIACA, LATHAM.

EGYPTIAN TURTLE DOVE. — EGYPTISCHE TURTELTAUBE.

Degl., t. II, p. 11. — Bree, Birds of Eur., not observ. in the brit. isles, t. III, p. 195. — Temm., Pig. et Gall., t. I, p. 570 et 461. — Temm., Pl. col. 45. — Schleg., Rev., p. LXXIV. — v. d. Mühle, Ornith. Griechenl., n° 188. — Columba cambayensis, Tem. — C. Maculicollis, Wagl.

Cet oiseau habite plusieurs contrées de l'Asie et de l'Afrique, particulièrement l'Égypte, où il est très-abondant. En Europe, on le trouve en Grèce et en Turquie.

Cette colombe recherche de préférence les endroits boisés; ses mœurs ont d'ailleurs beaucoup d'analogie avec celles de la tourterelle. Sa prudence en rend l'approche difficile; comme elle se cache volontiers dans le touffu des arbres, on ne peut parfois reconnaître sa présence que lorsqu'elle fait entendre son cri ressemblant à *gourrhou*.

M. le comte von der Mühle observa plusieurs fois cette colombe, pendant l'été, en Grèce, où elle se tenait en compagnie de tourterelles; il eut même l'occasion d'en tuer quelques-unes lorsqu'elles se désaltéraient. Il ne peut donc plus y avoir de doute sur la présence de cet oiseau en Grèce.

La colombe d'Égypte se nourrit de gousses de légumineuses et de diverses graines.

Le nid est placé entre une branche fourchue et convenablement cachée. Il est construit à l'aide de radicelles et de fines buchettes et contient deux œufs d'un blanc pur.

Colombe rieuse

COLOMBE RIEUSE.

COLUMBA RISORIA, LIN.

LAUGHING DOVE. — LACHTAUBE.

Temm., Tableau méth., p. 18. — Buff. Pl. enlum., p. 161. — Lin., Syst. nat., t. XII, p. 285, n° 33. — Naum, in Wiegm. Archiv., 3ᵉ année, t. I, p. 106. — Keys. et Blas., Wirbelt. Eur., p. 62, n° 268. — Rüpp., Vg. N.-O. Afr., n° 306.

Cette colombe habite en Afrique le Sénégal, l'Égypte, la Nubie, et d'après Levaillant, le pays des Namaquas. Elle n'est pas rare non plus dans les pays chauds de l'Asie, particulièrement près des monts Balkans; elle se montre de temps en temps dans la Turquie d'Europe.

La colombe rieuse recherche de préférence les bois de peu d'étendue, les pépinières et même les plaines presque dépourvues d'arbres. Bien que d'un naturel généralement farouche, surtout dans les lieux découverts, il est cependant assez facile de l'abattre lorsqu'elle est près de l'eau pour se désaltérer. Elle se laisse apprivoiser avec la plus grande facilité, et se reproduit même en captivité, ce qui fait qu'il n'est pas rare d'en trouver chez les amateurs de pigeons. Il est cependant à remarquer que cet oiseau subit quelques changements à l'état de domesticité où sa couleur prend une teinte plus claire et sa taille devient plus forte.

La nourriture de cette espèce se compose de céréales et d'un grand nombre de graines tant farineuses qu'oléagineuses.

Le mâle fait entendre au printemps ses cris de *houhouhouhou*, afin d'attirer l'attention des femelles. La nidification a lieu dans les bois et dans les jardins boisés de l'Afrique et de l'Asie Le nid est plat et ne se compose que de chaumes; il est fixé à peu d'élévation du sol, presque contre le tronc La ponte est de deux œufs de couleur blanche. Le mâle prend une bonne part à l'incubation.

Colombe voyageuse.
1. adulte, 2. jeune.

COLOMBE VOYAGEUSE.

COLUMBA MIGRATORIA, LATH.

MIGRATORY PIGEON. — WANDER-TAUBE.

Temm., t. IV, p. 309. — Gould, t. IV, pl. 44. — Degl., t. II, pl. 12. — Swains., FAUNA BOR. AM., p. 363. — Wilson, t. V, pl. 102. — ECTOPISTES MIGRATORIA, Swains. — COLUMBA CANADENSIS, L.

Cette colombe habite la plus grande partie de l'Amérique du Nord, particulièrement la baie d'Hudson; elle reste dans cette partie du continent américain jusqu'en décembre, époque où la neige et le défaut de nourriture l'obligent à émigrer vers le sud. Cette migration est remarquable par la manière dont elle s'accomplit : ces colombes se réunissent en nombre si considérable que lors de leur passage en certains endroits le ciel en est presque obscurci. On cite certaines années où elles étaient tellement nombreuses dans les forêts pourvues de genévriers et d'autres arbres dont les fruits leur servent de nourriture, que les branches se brisaient sous leur poids; aussi les habitants en faisaient-ils bonne provision et ne se nourrissaient, pour ainsi dire pendant un certain temps, que de colombes voyageuses; ils les donnaient même à leurs porcs. Mais depuis que la civilisation a étendu ses progrès dans l'Amérique du Nord, ces émigrations n'ont plus lieu par bandes aussi nombreuses.

La colombe voyageuse ne vient qu'accidentellement en Europe; elle a été tuée à différentes reprises en Russie, en Norwége et en Angleterre.

Le nid de cet oiseau est formé d'un tas de branches légèrement entassées; il contient ordinairement deux œufs.

Ganga à brins,
1. Mâle, 2. femelle.

Genre Ganga. — *Pterocles*, Temm.

GANGA A BRINS.

PTEROCLES SETARIUS, TEMM.

PIN-TAILED SAND GROUSE. — SPITZSCHWANZ GANGA.

Temm., t. I, p. 478. — Gould, t. III, pl. 258. — Degl., t. II, p. 18. — Brée, t. IV, p. 221. — Malh., FAUNE DE SICILE, p. 150. — v. d. Mühle, ORNITH. GRIECHENL., n° 189. — Malh., OIS. D'ALG., p. 18. — TETRAO ALCHATA, Lin. T. CHATA, Pall. — T. CAUDACUTUS, Gmel. — OENAS CATA, Vieill. — BONAS PYRENAICA, Briss. — PTEROCLES CATA, Degl. — P. ALCATA, Step.

Le ganga habite les vastes plaines sablonneuses et particulièrement le grand désert du Sahara, vers les frontières de l'Algérie et du Maroc; il est aussi fort répandu en Perse, en Arabie et en Syrie. En Europe, on le trouve en Turquie, sur les îles de Chypre et de Levante, en Espagne, mais plus rarement en Italie, en Sicile et dans le midi de la France : ce n'est qu'accidentellement qu'on l'a pris en Provence et dans le Dauphiné.

Cette espèce vit constamment en société, sauf durant l'époque des amours. Ces oiseaux se tiennent dans les endroits rocailleux et les déserts les plus arides; ils bravent même les terribles vents qui sévissent dans ces lieux et qui engloutissent souvent sous des trombes de sable les malheureux voyageurs et les animaux. La chaleur la plus tropicale n'a aucune influence sur leur tempérament; mais, à certaines époques de l'année, la sécheresse les oblige à aller dans des localités verdoyantes pour satisfaire la soif et même la faim. Ils franchissent alors journellement d'énormes distances en courant et en volant alternativement, et pendant ces voyages, ils se perdent quelquefois sur des terres étrangères à leur patrie.

Le vol de ce ganga est léger, et ressemble beaucoup à celui des pigeons; cet oiseau est aussi fort leste à la course, et il peut être considéré comme un des meilleurs coureurs.

Sa nourriture consiste en insectes et en graines, particulièrement celles de légumineuses.

La nidification est fort simple : les quatre à cinq œufs que pond la femelle reposent sur un tas d'herbe sèche et de différents végétaux; cette espèce de nid est caché entre des pierres ou dans un petit buisson peu élevé.

Ganga des sables.
1. Mâle, 2. femelle.

GANGA DES SABLES.

PTEROCLES ARENARIUS, TEMM.

SAND GROUSE. — SAND GANGA.

Temm., t. II, p. 478. — Degl., t. II, p. 20. — Naum., t. IV, pl. 153. — Gould, t. IV, pl. 257. — Bree, BIRDS OF EUR., t. III, p. 226. — Malh., ORNITH DE LA SIC., p. 150. — v. d. Müh., ORNITH. GRIECHENL., n° 303. — TETRAS ARENARIUS, Pall. — PERDIX ARAGONICA, Lath. — AENAS ARENARIUS, Vieill.

Ce ganga habite les plaines sablonneuses de la Sibérie et d'une grande partie de l'Asie, particulièrement la province d'Astrakhan; il n'est pas rare non plus sur les rives du Wolga, du Iaik, sur les côtes de la mer Caspienne, ainsi qu'au Caucase. On le trouve également dans les déserts du nord de l'Afrique, d'où il parvient souvent en Espagne, dans les provinces de Grenade et d'Andalousie, ainsi que dans les parties sablonneuses de la Sicile, de la Sardaigne et de l'île de Chypre; on l'a même déjà observé en Allemagne, où il est probablement venu accidentellement.

Cette espèce est peu farouche; elle paraît aimer à satisfaire sa soif à des moments fixes, car on la voit voler par couple vers l'eau, le matin, dans le courant de la journée et au soir; on peut alors facilement l'abattre. En automne, elle se tient par petites troupes accompagnées des petits.

La nourriture de cet oiseau se compose d'insectes et de graines, qu'il doit parfois chercher à de grandes distances, à cause des endroits arides qu'il fréquente.

La nidification se fait à terre, entre des broussailles de peu d'élévation ou entre des pierres. Le nid se compose d'un petit monceau de matières végétales, sur lequel reposent quatre ou cinq œufs.

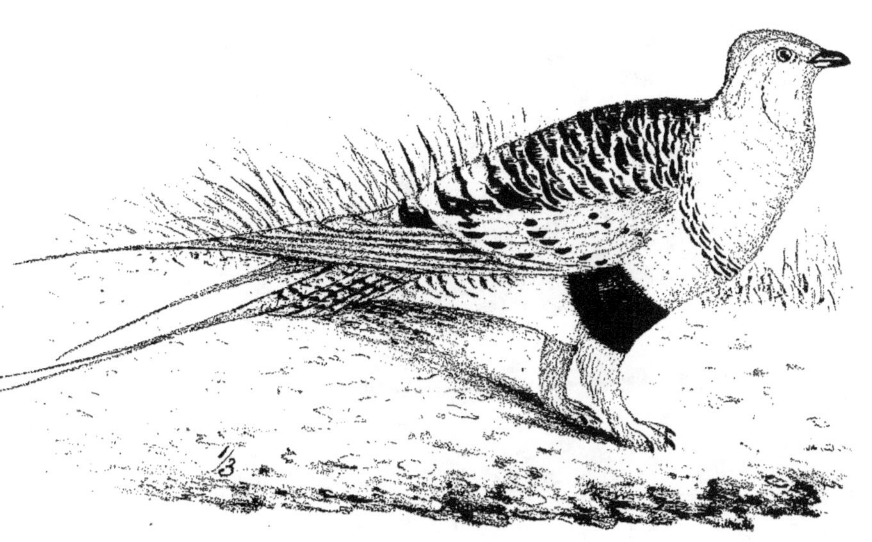

Syrrhapte de Pallas,

SYRRHAPTE DE PALLAS.

SYRRHAPTES PALLASII, TEMM.

PALLAS'S SANDGROUSE. — PALLASISCHES FANSTHUHN.

Pall., ZOOGR. ROSSO-ASIAT., t. II, p. 74. — Bonap., LIST of THE BIRDS., p. 42, n° 281. — THE IBIS., 1860, vol. II, pl. IV, p. 105. — Temm., pl. col. p. 95. — REV. ET MAG. DE ZOOL., 1863, p. 393. — TETRAS PARADOXUS. Pall. — HETEROCLITUS TARTARICUS et SYRRHAPTES PARADOXUS, Illig. — S. HETEROCLITUS, Dét. — S. TIBETANUS, Gould.

Cet oiseau habite les déserts de la Tartarie, les steppes du pays des Kirghis, de la Bulgarie et du sud de l'Altaï ; on le voit également dans les pays asiatiques baignés par la mer Noire et la mer Caspienne, et il paraît même être commun entre cette dernière et le lac d'Aral.

A l'époque des sécheresses, il arrive fréquemment que des nuages de sables du désert emportés par le vent, entraînent parfois avec eux des troupes de syrrhaptes. C'est à de pareilles révolutions atmosphériques qu'on doit attribuer la présence en Europe de plusieurs individus de cette espèce. Ce n'est cependant qu'en 1859 qu'on vit pour la première fois cet oiseau sur notre continent. En 1861, on en prit également quelques exemplaires dans le Jutland. En 1863, une troupe considérable se dispersa en Europe, et les journaux scientifiques annoncèrent de toute part la capture d'un ou de plusieurs de ces oiseaux. On en prit à cette époque en Crimée, en Suède, en Danemark, en Allemagne, en Grande-Bretagne, en France, en Hollande près d'Amsterdam et de Maestricht, et enfin en Belgique près d'Ostende, de Liége et de Bastogne.

Ce syrrhapte recherche les lieux sablonneux et arides. Sa marche est lente et paraît être assez difficile ; son vol, au contraire, est rapide et bruyant, aussi voit-on fréquemment cet oiseau s'élever à de grandes hauteurs. Le régime de cette rare espèce est essentiellement granivore, bien qu'elle prenne parfois des bourgeons de végétaux et peut-être aussi des insectes.

Le nid est placé dans le sable ou entre des pierres, quelquefois aussi sous des broussailles ; il est construit à l'aide d'herbe et de feuilles mortes et contient quatre à cinq œufs.

L'Lagopède écossais.

LAGOPÈDE ÉCOSSAIS.

LAGOPUS SCOTICUS, LEACH.

SCOTLAND GROUSE. — SCHOTTISCHE SCHNEEHUHN.

Temm., t. II, p. 465. — Degl., t. II, p. 52. — Gould, t. IV, pl. 252. — TETRAS LAGOPUS., Gmel. — T. SCOTICUS, Lath. — T. SALICETI, Var., Temm. — T. SALICETI SCOTICUS, Schleg. — BONASA SCOTICA, Briss.

Cette espèce habite les endroits tourbeux de l'Écosse riches en bruyères; elle est plus rare en Irlande et ne parvient qu'accidentellement en Angleterre.

Pendant l'hiver, cet oiseau est excessivement farouche. Il se tient, en général, caché sous des bruyères, de telle façon qu'il faut un bon chien de chasse pour découvrir sa retraite, car on pourrait, pour ainsi dire, marcher sur l'oiseau avant que celui-ci ne se décide à prendre son vol.

La nourriture de ce lagopède se compose de bourgeons, de baies et de graines.

Le nid est placé dans une petite excavation sous une touffe de bruyères; il contient dix à quinze œufs.

Le *Lagopus scoticus* ne diffère du *L. saliceti* qu'en ce qu'il ne se revêt pas, comme ce dernier, d'un plumage blanc pour la saison d'hiver. Il est donc probable, comme le fait observer M. le docteur Gloger, que cet oiseau a été introduit, il y a quelques siècles, en Grande-Bretagne par des amateurs de chasse. Cet oiseau ne se reproduit, du reste, jamais dans le midi de l'Angleterre, malgré tout ce qu'on a fait pour y parvenir.

Lagopède des Saules.
1.er Plumage d'hiver; 2, d'été.

LAGOPÈDE DES SAULES.

LAGOPUS SALICETI, SWAINSON.

WILLOW GROUSE. — WEIDEN SCHNEHUHN.

Temm. t. II, p. 472. — Degl., t. II, p. 34. — Naum., t. VI, pl. 159. — Gould, t. IV, pl. 255. — Bree, BIRDS OF EUR. NOT OBS. IN THE BRIT. ISLES, t. III, p. 120. — Tetrao lapponicus et T. albus, Gmel. — T. subalpinus, Nils. — T. alpinus, Nils. — T. lagopus, Lin. — T. montanus, Brehm. — Lagopus albus, Vieill. — L. mutus, Leach. — L. alpinus, Nils. — L. vulgaris Viel. — L. cinereus, Macg.

Cet oiseau est répandu dans une grande partie de l'Amérique du Nord et en Sibérie. En Europe on l'observe en Russie, en Suède, en Norwége, en Laponie, en Courlande, en Finlande et dans le nord de l'Allemagne.

Le lagopède des saules recherche de préférence les régions montagneuses; il vit près des neiges éternelles où la végétation devient rare et maigre et où elle est, pour ainsi dire, réduite à des bouleaux nains. Lorsque les jeunes ont acquis assez de force pour pouvoir suivre leurs parents, les lagopèdes descendent par familles vers les parties boisées des montagnes et même parfois dans les vallées, où ils se cachent entre les broussailles. Ce sont des oiseaux assez remuants. Le mâle ne quitte que très-rarement sa femelle pendant tout le temps que durent l'incubation et l'éducation des petits; il est même un gardien vigilant pour sa famille. Au printemps, il fait souvent entendre son cri du haut d'un arbre, et la femelle y répond bientôt mais dans un ton plus bas.

La nourriture de cet oiseau se compose principalement, en hiver, de bourgeons, de feuilles et d'autres substances végétales restées vertes qu'il cherche sous la neige; en été, il vit plus particulièrement de graines et de baies. La femelle nourrit ses petits d'insectes et de vers, pendant les premiers temps de leur existence.

Cette espèce niche à terre, dans un petit enfoncement caché entre des broussailles. La femelle se contente de garnir cette cavité d'un peu d'herbe sèche pour y pondre ses huit à douze œufs. Le mâle aide soigneusement sa compagne dans l'éducation des petits.

Lagopède alpin

1. Mâle. Plumage d'hiver. 2. femelle. Plumage d'été.

LAGOPÈDE ALPIN.

LAGOPUS ALPINUS, NILSSON.

ALPINE GROUSE. — ALPEN SCHNEEHUHN.

Temm., t. II, p. 468. — Degl., t. II, p. 36. — Gould, t. IV, pl. 253. — Naum., t. VI, pl. 159.—
Nilss., SKAND. FAUN, t. II, p. 98. — TETRAS LAGOPUS, Lin. — T. ALPINUS, Nils. — T. RUPESTRIS,
Gmel. — T. MONTANUS, Brehm. — LAGOPUS ALBUS, Boie. — L. VULGARIS, Vieill. — L. CINEREUS.
Macgill. — L. MONTANUS, Brehm. — L. MUTUS, Leach.

Cette espèce habite la chaîne des Alpes, où on la voit en Suisse, au
Tyrol et en Savoie ; on la rencontre également sur les Pyrénées, les
Apennins et les montagnes de l'Islande (1).

Le lagopède alpin se tient, durant l'été, sur les limites de la végétation près des neiges éternelles, où, pour éviter les rayons du soleil, il
se cache encore sous les vieux sapins dont les branches touchent le sol ;
il n'est pas rare non plus de le voir accroupi dans un buisson de roses
alpines ou sous la saillie d'une montagne. En automne, il descend en
famille vers les régions moyennes des montagnes ; ce n'est que pendant
les ouragans qu'il cherche à se garantir contre les intempéries atmosphériques, car il supporte volontiers la neige : lorsqu'il en est trop
couvert, il s'en débarrasse en se secouant. Ce lagopède, quoique peu
farouche, est cependant très-leste à la course et au vol, mais le chasseur
est souvent obligé de lui lancer des pierres pour le faire lever.

La nourriture de cet oiseau se compose de diverses graines, de bourgeons de conifères et de saules, de baies et surtout de mûres.

Les deux sexes se tiennent constamment ensemble pendant tout le
temps de la couvaison, et le mâle ne quitte pour ainsi dire pas le voisinage du nid de sa femelle. Celle-ci se creuse dans la terre une cavité,
bien abritée par des broussailles, et y dépose sept à quinze œufs sur une
litière de mousse et de foin. Les jeunes savent courir dès qu'ils sortent
de l'œuf. Le mâle, quoique très-dévoué à sa femelle, ne prend aucune
part à la couvaison ni à l'éducation des petits.

---

(1) Les individus provenant de l'Islande se caractérisent par un bec un peu plus robuste.

Faisan à collier.

FAISAN A COLLIER.

PHASIANUS TORQUATUS, TEMM.

RING-NECKED PHEASANT. — HALSBAND FASAN.

Temm., Pig. et Gall., t. II, p. 327. — Flem. Brit. An., p. 46. — Jenyns. Man. Birds Vert. An., p. 167.

Ayant déjà décrit plusieurs variétés climatiques dans le cours de notre publication, nous ne pouvons nous empêcher de parler du faisan à collier, qui est généralement considéré comme une variété du faisan vulgaire. Temminck le donne cependant comme une espèce distincte, mais qui s'accouple fréquemment avec le faisan vulgaire; le collier blanc serait alors généralement peu marqué chez les jeunes. Comme cette espèce problématique habite les forêts de la Chine, il est assez difficile de dire quelque chose de positif à ce sujet, d'autant plus qu'on la voit souvent figurée sur des peintures chinoises; on peut supposer de là que cet oiseau est commun dans ce pays. Peut-être pourrait-on même se demander lequel des deux faisans est l'espèce type.

Le faisan vulgaire habite aussi la Chine, mais il y est moins répandu que son congénère à collier, avec lequel, dit-on, il ne s'accouple jamais à l'état de liberté, comme cela a cependant lieu en Europe et même en Belgique (1).

Quoi qu'il en soit, le faisan à collier présente en Chine, sa véritable patrie, des mœurs tout à fait identiques à celles du faisan vulgaire. De même que ce dernier, il recherche les bois parcourus d'eau et aime à courir parmi les hautes herbes, les touffes de fougères et autres végétaux; il passe également la nuit sur les arbres.

Le faisan à collier présente souvent, en captivité, de nombreuses sous-variétés, consistant en variations dans le plumage; le jardin zoologique de Bruxelles en offre actuellement de beaux exemples.

---

(1) S. A. le prince de Chimay tua dans ce pays, il y a quelques années, un beau mâle de cette variété, ayant un collier d'une largeur comme on en rencontre rarement.

Tétraogale du Caucase.

TÉTRAOGALLE DU CAUCASE.

TÉTRAOGALLUS CAUCASICUS, GRAY.

THE CAUCASIAN SNOW PARTRIDGE. — KAUKASISCHES ALPENHUHN.

Pall. Zoogr., II, p. 76, n° 225. — Gould, Birds of Asie. — Bree, Birds of Eur , not obs. in the Brit. isles, III, p. 252. — *Tetrao-gallus caspia*, Gould. — *Tetrao caucasicus*, Pall.

Cet oiseau habite en Europe les pays frontières de l'Asie. Sa véritable patrie est le Caucase et les côtes de la mer Caspienne, où il vit sur les montagnes rocailleuses les plus inaccessibles. M. Gould dit qu'un officier de la marine anglaise lui a assuré avoir vu cette espèce sur le sommet des montagnes de l'île de Candie, mais qu'elle y était très-rare. On la rencontre aussi sur les monts du Taurus.

Ce tétraogalle vit continuellement sur les sommets arides des montagnes, près des neiges éternelles ; là il court avec agilité sur les pics les plus escarpés et sur le bord des précipices. Il se tient généralement par troupes de six à dix individus et presque toujours dans la compagnie des chèvres sauvages, dont il mange les excréments pendant les mois de l'hiver. En automne il devient très-gras et sa chair ressemble alors à celle de la perdrix.

Cet oiseau est très-farouche : il s'éloigne en criant au moindre danger, ce qui fait que la chasse en est des plus pénibles.

Sa nourriture consiste en diverses espèces de plantes alpestres.

La propagation est encore inconnue.

Perdrix Francolin
1. Mâle, 2. femelle.

PERDRIX FRANCOLIN.

PERDRIX FRANCOLINUS, Lath.

FRANCOLIN PARTRIDGE. — FRANCOLIN-FELDHUHN.

Temm., t. II, p. 482. — Gould, t. IV, pl. 259. — Degl., t. II, p. 48. — Brec, Birds of. Eur., vol. VI, p. 236. — Malh., Faune de Sicile, p. 151. — Tetrao Francolinus, Keys· et Blas. — Chætopus Francolinus, Swains. — Francolinus vulgaris, Briss.

Cette perdrix, qui habite le midi de l'Europe, se rencontre particulièrement en Sicile, dans l'île de Chypre et en Turquie. On la voit aussi au nord de l'Afrique, en Asie Mineure et elle est surtout commune dans les contrées baignées par l'Euphrate et le Tigre.

La perdrix francolin mène une vie assez solitaire et recherche les plaines humides où elle se tient cachée entre les roseaux qui bordent les cours d'eau.

Le plumage du mâle diffère considérablement de celui de la femelle. L'accouplement a lieu au printemps et l'on entend alors, matin et soir, le mâle appeler sa femelle à grands cris ressemblant à *tre, tre, tre;* ils se mettent quelquefois sur des arbres, surtout pendant la nuit.

La chair de ces oiseaux est excellente, aussi leur fait-on une chasse acharnée, de telle sorte qu'ils deviennent rares dans certains pays, en Sicile par exemple. Leur naturel assez doux permet de les tenir facilement en captivité.

Ils se nourrissent principalement de blé et de différentes graines, mais ne dédaignent cependant pas les insectes.

La femelle, après avoir creusé une petite fosse entre des broussailles, y dépose, sur une litière de feuilles mortes, dix à quatorze œufs.

Perdrix grecque

PERDRIX GRECQUE.

PERDRIX GRÆCA, BRISS.

GRECK PARTRIDGE. — GRIECHISCHE STEINHUHN.

Temm., t. II, p. 485. — Degl., t. II, p. 51. — Naum., t. VI, pl. 164. – Gould., t. IV, pl. 261.—
Mey. et Wolf., Taschen., t. I, p. 305. — Perdix rufa, Vieil. — P. saxatilis, Mey. et Wolf.

Cette perdrix habite particulièrement les Alpes de la Bavière, du Tyrol et de la Suisse ; on la rencontre aussi sur les Pyrénées, en Italie, en Savoie, dans l'île de Corse, en Grèce, en Turquie, en Asie Mineure et en Bulgarie.

La perdrix grecque vit par couple, en été, sur les hautes montagnes de ces diverses contrées, et s'élève même jusqu'aux frontières des neiges éternelles, où elle trouve à peine quelques broussailles pour s'abriter. En octobre, c'est-à-dire lorsque les premières neiges viennent à tomber, ces oiseaux descendent par troupes vers les régions inférieures, et visitent même quelquefois les villages des montagnards.

Ces oiseaux sont très-prudents et farouches : à la moindre alerte de l'un d'eux, ils se dispersent avec une rapidité étonnante pour se cacher dans les broussailles, et ne se réunissent de nouveau qu'à la disparition du danger. On les voit constamment occupés à chercher leur nourriture, en faisant entendre leur voix de temps en temps ; ce n'est que durant les grandes chaleurs du jour qu'ils se tiennent cachés.

La nourriture de cette espèce consiste essentiellement en graines.

La nidification se fait sous des racines de pins ou entre des pierres ; la femelle se creuse aussi quelquefois un petit enfoncement sous une touffe de végétaux, dans lequel on trouve, sur une litière de mousse, douze à quinze et même quelquefois vingt œufs.

Malgré leur naturel craintif, on peut facilement apprivoiser ces oiseaux et les tenir dans les basses-cours, bien qu'ils s'entendent fort mal avec les poules.

Perdrix de roche.

PERDRIX DE ROCHE.

PERDRIX PETROSA, LATH.

ROCK-PATRIDGE. — KLIPPEN-FELDHUHN.

Temm., t. II, p. 56. — Gould., t. IV, pl. 261. — Degl., t. II, p. 56. — v. d. Mühle, ORNITH. GRIECHENL., n° 193. — Malh., FAUNE DE SICILE, p. 154. — TETRAO PETROSUS, Gmel. — PERDRIX RUBRA BARBARICA, Briss. — CACCABIS PETROSA, Gray. — ALECTORIS PETROSA, Kaup.

La perdrix de roche se rencontre principalement dans les endroits montueux du sud de l'Espagne; elle se trouve aussi en Sardaigne, en Sicile, dans l'île de Corse, sur celles formant l'Archipel grec et elle se montre parfois dans le midi de la France. L'Afrique boréale jusqu'au Sénégal, ainsi que les îles Canaries, sont aussi habitées par cette espèce.

Cet oiseau recherche de préférence les endroits accidentés et riches en broussailles épineuses, ainsi que le voisinage des champs de céréales. On rencontre ordinairement pendant l'hiver ces oiseaux en famille, mais bien qu'élevés ensemble, ils s'entendent fort peu; durant le jour, ils sont généralement dispersés, et hors de l'époque des amours, les deux sexes ne s'appellent presque jamais. Cette espèce est fort recherchée pour sa chair; aussi lui fait-on une chasse presque continuelle.

Les graines de différentes graminées forment la base de la nourriture de cette perdrix, cependant elle recherche aussi quelques herbes et les insectes.

Dans le courant du mois de mars, chaque couple choisit un endroit convenable pour placer sa nichée; c'est généralement dans une touffe de plantes herbacées, entre des pierres ou dans un champ, que la femelle se creuse un trou pour y déposer, sur une litière de brins d'herbe, les dix à vingt œufs qu'elle pond ordinairement.

Perdrix de Virginie

PERDRIX DE VIRGINIE.

PERDRIX VIRGINIANA, LATH.

VIRGINIAN PARTRIDGE. — VIRGINISCHE FELDHUHN.

Temm., t. IV, p. 537. — Degl., t. II, p. 61. —Keys. et Blas., p. LXVI. — Macgill., BRIT. BIRDS, t. I, p. 228. — Yarr., BRIT. BIRDS, t. II, p. 391. — TETRAS VIRGINIANUS et T. MARILANDUS, LID. — ORTIX BOREALIS, Step. — O. VIRGINIANA, Macgill. — ORTYGIA MARILANDICA, Boïe. — PERDRIX BOREALIS, Temm.

Cette perdrix habite le Mexique, la Virginie, la Floride, jusqu'au Canada, où elle est souvent fort répandue.

Cette espèce vit, hors de l'époque des amours, par troupes plus ou moins considérables, mais quoiqu'elle se tienne parfaitement sur les arbres, elle évite toujours les lieux boisés d'une certaine étendue; ce n'est que lorsqu'il y a manque de vivres qu'elle ose s'y aventurer.

On a essayé de naturaliser cet oiseau à la Jamaïque, afin qu'il s'y multipliât à l'état de liberté, et l'on y a parfaitement réussi. De leur côté, les Anglais ont tenté la même expérience; aussi, dans les contrées de Norfolk et de Suffolk, n'est-il pas rare d'en rencontrer à l'état sauvage. C'est pour cette raison que MM. Degland, Keyserling, Blassius et d'autres naturalistes, ont adopté cette espèce dans la faune européenne.

Dans le courant du mois de mai, la femelle se choisit un buisson pour abriter sa progéniture ; sous ce buisson, elle creuse un petit enfoncement qu'elle recouvre d'herbe et de feuilles mortes, et y dépose quinze à vingt-quatre œufs. Dès que les œufs sont éclos, la femelle entoure ses petits d'un soin vraiment maternel et les défend même au péril de sa vie; lorsqu'ils deviennent plus grands, le mâle se charge également de les conduire.

Turnix andalous.

TURNIX ANDALOUX.

TURNIX ANDALUSICA, BONN.

ANDALUSIAN QUAIL. — ANDALUSISCHE WACHTEL.

Temm., t. II, p. 494. — Degl., t. II, p. 66. — Gould, t. IV, pl. 264. — Malh., FAUNE ORNITH. DE LA SIC., p. 115. — Malh., OIS. D'ALG., p. 19. — TETRAS ANDALUSICUS et T. GIBRALTARIUS, Gmel. — PERDIX ANDALUSICUS et P. GIBRALTARIUS, Lath. — HEMIPODIUS TACHYDROMUS et H. LUNATUS, Temm. — H. ANDALUSICUS, Boie. — ORTYGIS ANDALUSICA, Keys. et Blas. — O. TACHYDROMUS et O. GIBRALTARICA, Illig. — TURNIX AFRICANUS, Def. — T. TACHYDROME, Temm.

Le turnix andaloux habite particulièrement le nord de l'Afrique, et il est même commun en Algérie, surtout dans la province d'Oran. En Europe, on le trouve dans le midi du Portugal et en Espagne dans la province de Grenade, l'Andalousie et l'Aragon, ainsi que dans les parties méridionales de la Sicile.

Cet oiseau se tient généralement abrité dans les hautes herbes; selon M. Malherbe, il ne les quitte que très-difficilement, même lorsqu'on le chasse, et il y revient presque aussitôt. Son vol est très-bas et ne se prolonge jamais longtemps.

La nourriture de ce turnix consiste en insectes et en graines.

Quand l'époque de nicher est venue, la femelle creuse une fossette dans la terre, la recouvre avec soin d'herbe et de feuilles et elle y dépose six à dix œufs. Ce nid est soigneusement caché sous un buisson touffu, où il est presque impossible de le découvrir.

Outarde houbara

Mâle.

Outarde houbara.

femelle

OUTARDE HOUBARA.

OTIS HOUBARA, GMÉLIN.

RUFFED BUSTARD. — KRAGENTRAPPE.

Bonap Rev. crit. p. 179, n° 334. — Vieill. Galerie, pl. 227. — Gould, t. IV, pl. 268 — Bree, Birds of Eur. not obs. in the brit. is., t. IV, p. 4. — Savi, Ornith. Tosc., t. II, p. 221. — Rüpp, Vg. N.-O. Afr. 110, n° 394. — Houbara undulata, Bonap. — Empodotis undulata, Brehm. — Chlamydotis houbara, Lesson. — Otis undulata, Jacq.

Cette belle outarde se rencontre particulièrement dans le nord de l'Afrique, et, selon M. Tristram, dans le désert de Sahara ; on dit qu'elle n'est pas rare non plus dans les environs de Tripoli, de Tunis et de Constantine. Elle visite accidentellement l'Espagne et le Portugal.

L'outarde houbara habite les plaines désertes et incultes et en général tous les endroits arides et découverts. Elle est très-farouche et prudente : la moindre apparition la met dans une grande crainte ; elle se croit continuellement environnée de dangers, aussi ne lui faut-il que bien peu de chose pour fuir de toute la vitesse de sa course. Dans sa fuite elle tient presque continuellement la queue relevée et étalée en éventail.

Avant de s'envoler elle prend son élan en courant, mais dès qu'elle s'est élevée, elle vole avec légèreté et à une distance de plusieurs lieues.

Cet oiseau se nourrit d'herbes et du feuillage des choux, des navets, etc., ainsi que de céréales, de vers et d'insectes.

Cette outarde niche à terre, sur les bords d'un champ de grain ; la femelle creuse, à l'aide des pattes, un enfoncement qu'elle garnit de foin, pour y déposer deux ou trois œufs.

Coureur isabellin

COUREUR ISABELLIN.

CURSORIUS ISABELLINUS, MEYER et WOLF.

CREAM-COLOURED COURSER. — ISABELLFARBIGE LÄUFER.

Temm., t. II, p. 513. — Degl., t. II, p. 83. — Naum., t. VII, pl. 171. — Gould, t. IV, pl. 266. — Malb., Faune Ornith. de la Sicile, p. 167. — Savi, Ornith. Tosc., t. II, p. 223. — Naumannia, t. III, p. 102. — Rüp., Vg. N. O. Afrika's, nº 397. — Charadrius gallicus, Gmel. — Tachydromus europæus, Vieill. — T. gallicus, Swains. — T. isabellinus, Illig. — Cursorius europæus, Lath. — C. gallicus, Gray. — Cursor europæus, Naum. — C. isabellinus, Wagl.

La véritable patrie de cet oiseau est la Nubie, l'Égypte et particulièrement l'Abyssinie, où il est très-répandu. On le rencontre encore dans d'autres parties de l'Afrique et de l'Asie, où des coups de vent le chassent parfois vers les contrées du midi de l'Europe; c'est ainsi que cette espèce a été tuée à différentes reprises en Sicile, en Toscane et en France. Dans ce dernier pays, elle fut abattue près de Montpellier; on en a pris également deux individus vivants, dont un près de Nimes et l'autre près de Marseille. Le coureur isabellin se montre aussi accidentellement en Grande-Bretagne, en Suisse et il a même déjà été pris dans le duché de Hesse, près de Darmstadt, et dans le Mecklembourg près de Plau (1852).

Cette espèce habite les plaines peu éloignées du littoral, où elle se plaît à courir sur le sable à la recherche de sa nourriture. Celle-ci consiste en insectes, en larves et en vers.

Cet oiseau ne construit pas de nid : la femelle dépose ses deux ou trois œufs dans un léger enfoncement, ou simplement dans le sable ou sur la terre nue. Dès l'éclosion des œufs, les jeunes se mettent à courir çà et là avec leurs parents.

Pluvier à tête noire

Genre Pluvian. — *Pluvianus*. Vieill.

PLUVIAN A TÊTE NOIRE.

PLUVIANUS MELANOCEPHALUS, Vieill.

BLACK-HEADET PLOVER. — SCHWARZKÖPFIGE REGENLAUFER.

Degl. t. II. p. 86. — Bree, Birds of Eur., t. IV, p. 14. — Cresp. Fau. mérid. de Fr., t. II. p. 50. — Cab. Journ. ornith, t, II, p. 70. — Kitl. Kup. pl. 4.—Hartl., Ornith. West Afr., p. 209. — Rüpp., Vg. N. O. Afrik. n° 599. — Charadrius melanocephalus, Lin. — C. ægyptius, Hasselq. — C. africanus, Lath. — C. chlorocephalus, Forsk. — Cursorius charadrioïdes, Wagl. — Hyas melanocephalus, Glog. — Ammoptila charadrioïdes, Schweins. — Cheilodromas melano-cephalus, Rüpp. — Vanellus villotaei, Savig. — Pluvianus ægyptius, Hartl.

On rencontre ce pluvian au Sénégal, en Nubie, en Égypte et en Algérie, mais il est surtout abondant dans les pays baignés par le Nil, où il se tient sur les rives et sur les bancs de sable de ce fleuve. Il arrive accidentellement dans le midi de l'Europe : en Espagne on l'a tué sur les bords du Guadalquivir, et S. A. le duc Ernest de Cobourg-Gotha en abattit un exemplaire sur une île espagnole non loin du continent. Une femelle de cette espèce a également été prise en France, dans le département de l'Hérault ; M. J.-H. Gurney rapporte qu'en novembre 1840, un individu adulte, en plumage d'été, a été tiré par un Anglais, en Suède, près de Stockholm.

Le pluvian à tête noire vit par couples ou en sociétés plus ou moins nombreuses ; c'est ainsi qu'on les voit chercher leur nourriture, composée d'insectes, de vers et de mollusques. Malgré la grande familiarité de cette espèce, il est cependant difficile de l'atteindre, car elle est fort agile à la course. L'accouplement a lieu en décembre ou en janvier ; peu de temps après, la femelle se creuse un trou dans le sable ou le gravier d'un îlot du Nil et elle y dépose quatre œufs. Ceux-ci sont très-difficiles à découvrir, car l'oiseau, dans sa vigilance, les couvre lorsqu'il doit quitter momentanément sa nichée.

Plusieurs voyageurs disent avoir vu ce pluvian occupé à extraire les insectes de la gueule d'un crocodile. Il paraît que cet animal est très-incommodé par certains parasites fort recherchés des pluvians, qui, de leur côté, n'ont rien à craindre des crocodiles. C'est à cause de cette bonne entente entre des animaux si dissemblables de nature et de mœurs, que les indigènes désignent le pluvian à tête noire sous le nom de *gardien du crocodile*.

Pluvier asiatique.
1. Adulte, 2. jeune.

PLUVIER ASIATIQUE.

CHARADRIUS ASIATICUS, Lin.

ASIATIC PLOVER. — ASIATISCHER REGENPFEIFER.

Degl. t. II, p. 92. — Pallas, Zoogr. t. II, n° 32. — Schleg. Rev., p. 82. — Keys et Blas , p. 70.
— Bonap., Rev. crit. de l'ornith., n° 345. — Bree, Birds of Eur., not obs. in the Brit. is,
t. IV, p. 18. — Charadrius caspius, Pall. — Ch. jugularis, Wagl. — Endromias asiaticus,
Keys. et Blas.

On rencontre ce pluvier dans une grande partie de l'Asie, et en particulier en Mongolie, dans la haute Tartarie et sur les bords des lacs salés
de la Tartarie indépendante ; il n'est pas rare en Sibérie, et c'est de là
qu'il parvient accidentellement en Europe. Selon M. le professeur Nordmann, un individu de cette espèce aurait été pris près d'Odessa ; M. Gätke
dit également en avoir tué un dans l'île Helgoland.

C'est un oiseau d'un naturel très-remuant, qui se plaît beaucoup sur
les rivages : on l'y voit le plus souvent courant en compagnie de ses semblables. Si l'on vient les déranger, ils s'envolent généralement sur la rive
opposée, à moins que le cours d'eau ne soit trop large ; la chasse en
devient ainsi parfois assez difficile. On reconnaît promptement leur voisinage aux clameurs qu'ils font entendre sans cesse, même pendant la
nuit s'il y a clair de lune.

Le pluvier asiatique se nourrit d'insectes, de larves, de vers et de
petites limaces.

La femelle niche au bord des eaux, où elle dépose trois ou quatre œufs
dans un petit enfoncement, mais sans leur préparer de litière.

Les jeunes ressemblent beaucoup à ceux du *Charadrius morinellus*,
avec lesquels on les confond parfois.

Plouvier échasse.

PLUVIER ÉCHASSE.

CHARADRIUS LONGIPES, TEMM.

THE LONG LEGGED PLOVER. — LANGBEINIGER REGENPFEIFER.

Gmel., SYST. NAT., t. I, p. 687. — Pall., ZOOGR., t. II, p. 141.— Less., MAN. D'ORN., t. II, p. 321.— Schleg., FAUN. JAP., p. 104, pl. 62. — Bonap., REV. CRIT., p. 180. — Degl. et Gerbe, ORNITH. EUR. II, p. 125. — *Pluvialis longipes, fulvus, xanthocheilus* et *taitensis*, Bonap. — *Charadrius fulvus*, Gmel. — *Ch. glaucopis*, Forst. — *Ch. pluvialis*, Horsf. — *Ch. xanthocheilus*, Wagl. — *Ch. taitensis*, Less. — *Ch. virginianus*, Jard. — *Ch. auratus orientalis*, Schl. — *Ch. virginicus*, Blyth.

Cette espèce ressemble beaucoup au *Ch. auratus* sous son plumage d'hiver; il est cependant facile de le distinguer de ce dernier, à cause de sa taille qui est moins forte, quoique la longueur de ses tarses dépasse celle des tarses du pluvier doré; les taches dorsales claires sont plus grandes et moins nombreuses, et les couvertures inférieures des ailes sont d'un gris cendré, tandis qu'elles sont blanches chez le *Ch. auratus*.

Cet oiseau remplace le pluvier doré dans la Sibérie orientale; il émigre en automne vers le midi et se rencontre alors dans toute l'Asie orientale et méridionale, en Australie et en Afrique jusqu'au Cap de Bonne-Espérance. Il s'égare accidentellement en Europe. Suivant M. W. Jardine, il aurait été pris à Malte; MM. Blasius et Gätke le mentionnent comme ayant été pris à l'île Helgoland.

Le pluvier échasse habite les prairies et les bords des fleuves. Selon Pallas, il se reproduirait dans les contrées arctiques.

Pluvier cuard.

PLUVIER CRIARD.

CHARADRIUS VOCIFERUS, LIN.

THE KILDEER PLOVER. — SCHREIREGENPFEIFER.

Wils., Am. orn., VII, p. 73, pl. LIX. — Audub. Birds of am., V, p. 207, pl. 317. — Gray, Cat. of Brit. Birds, p. 142.—Baird, Distr. and migr. of N. Am. Birds, p. 27.—Bonap., Syn., n° 219. — Penn., Arch. zool., II. p. 484. — Rich. et Sw., p. 368. — Oxyechus vociferus, Reichenb. — Aegialites vociferus, Bonap. — Charadrius torquatus, Lin. — Ch jamaicensis, Gmel.

Ce pluvier habite toute l'année les États-Unis, où il se tient, en hiver, sur les bords de la mer ; il est cependant plus abondant dans les États du Sud en hiver qu'en été, et Wilson dit l'avoir vu en grand nombre, en février et mars, dans les plantations de riz de la Caroline du Sud. En Europe, il ne se montre que tout accidentellement et encore ne l'a-t-on capturé qu'en Angleterre.

Cet oiseau fréquente les jardins et les champs et ce n'est que durant les sécheresses qu'il vit au bord des rivières ; il recherche cependant beaucoup les endroits aquatiques, car il aime à se baigner et à patauger dans la vase. Son cri est aigu et il le fait presque constamment entendre, surtout pendant la nuit quand il y a beau clair de lune. Lorsque la femelle voit quelqu'un s'approcher du nid, elle vole à sa rencontre et le harcelle en volant autour de sa tête et en l'assourdissant de ses cris jusqu'à ce qu'il s'éloigne de sa couvée.

Le pluvier criard cherche presque toujours sa nourriture durant la nuit ; il vit de vers, de mollusques et d'insectes.

La nidification a lieu au commencement de mai. Le nid est étroit, enfoncé vers le centre, et se compose de buchettes, de paille, de plumes et de terre, dans laquelle se trouvent souvent mélangés des fragments de coquilles ; parfois aussi le nid fait complétement défaut. La ponte est de quatre œufs.

Plovier à plastron roux

PLUVIER A PLASTRON ROUX.

CHARADRIUS PYRRHOTHORAX, TEMM.

THE RUST COLOURED PLOVER. — ROSTROTHE REGENPFEIFER.

Pall., Zoogr., t. II, p. 136. — Wagl., Syst. av., p. 18 et 40. — Less., Man. d'orn., t. II, p. 322 et 330. — Blyth., Journ. As. soc. Beng., t. XII, p. 180. — Gould, Birds of Eur., pl. 229. — Temm., Man. d'orn., t. IV, p. 355.— Keys. et Bl., Wirbelt , p. 70.— Licht., Nomencl. av., p. 94. — Degl. et Gerbe, Orn. Eur., t. II, p. 139. — *Ægialites pyrrhothorax,* Keys et Bl.— *Pluviorhynchus mongolus,* Bonap. — *Cirrepidesmus pyrrhothorex,* Bonap. — *Charadrius mongolus et mongolicus,* Pall. — *Ch. rubricollis,* Cuv. — *Ch. cirrepidesmos* et *jugularis,* Wagl. — *Ch. Leschenaultii* et *sanguineus,* Less. — *Ch. rufinellus,* Blyth. — *Ch. inconspicuus,* Licht. — *Ch. subrufinus,* Hodgs.

Ce pluvier habite l'Asie occidentale et orientale, les îles Philippines et l'archipel Indien. Pallas dit avoir vu des individus de cette espèce près des lacs salés de la Mongolie et le long des affluents du fleuve Amour. Ce n'est qu'accidentellement qu'on l'observe en Russie d'Europe, où l'on signale quelques captures, entre autres une près de Saint-Pétersbourg.

La nourriture de cet oiseau se compose de vers, de larves et d'insectes aquatiques.

On ne connaît rien de bien positif touchant les mœurs et la propagation de cette espèce.

Pluvier armé.

PLUVIER ARMÉ.

CHARADRIUS SPINOSUS, LIN.

SPUR-WINGED PLOVER. — SPORN REGENPFEIFER.

Temm., t. IV, p. 553. — Gould, t. IV, pl. 293. — Degl., t. II, p. 102. — Brée, t. IV, p. 10. — Swains., BIRDS OF WEST AFRICA, t. II, p. XXVI. — Rüp., VÖG. N. O. AFRIKA'S, nᵒ 407. — v. d. Mühle, ORNITH. GRIECHENL., nᵒ 211. — Naumannia, t. V, p. 90. — VANELLUS MELASOMUS, Swains. — HOPLOPTERUS SPINOSUS, Hasselq. — PLUVIALIS SENEGALIS ARMATA, Briss. — CHARADRIUS VENTRALIS, CH. CRISTATUS, Schaw. — CH. DUVAUCELI, Less.

Ce pluvier habite le Sénégal, l'Égypte, la Nubie, l'Algérie, l'Asie Mineure, la Turquie et la Grèce ; il vient accidentellement sur les côtes de la mer Noire et dans le midi de la Russie ; en 1837, on abattit, près d'Odessa, une troupe composée de huit ou dix individus de cette espèce.

Cet oiseau aime à vivre en société dans les prairies et les lieux découverts. Il est fort gênant pour le chasseur, qui ne parvient que difficilement à l'abattre, car cet oiseau entoure son agresseur de si près et vole continuellement autour de lui en poussant de grandes clameurs, afin d'avertir ses compagnons du danger, qu'il est presque impossible au chasseur de le viser. Cette espèce fait entendre presque continuellement ses cris, et comme elle est toujours attentive au moindre bruit, aussi bien la nuit que le jour, les Arabes croient que ces oiseaux ne dorment jamais.

Sa nourriture se compose de vers, d'insectes, de larves et de limaces.

La nidification a généralement lieu dans un endroit découvert, tel qu'une prairie. La femelle dépose ses trois à quatre œufs sur une litière de mousse, dans une petite cavité naturelle ou creusée par elle.

Vanneau social.

VANNEAU SOCIAL.

VANELLUS GREGARIUS, VIEILLOT.

SOCIAL LAPWING. — GESELLIGER KIEBIETZ.

Temm. t. IV, p. 360. — Degl. t. II. p. 116. — Bree, BIRDS OF EUR. t. II, p. 20. — Gould, t. IV, pl. 292. — Schleg. REV. p. LXXXIII. — Bonap. REV. CRIT. p. 179, n° 338. — Tringa Keptuscka, Lath. — T. fasciata, Gm. — Charadrius gregarius, Pall. — Ch. Wagleri, Grey. — Pluvianus cinereus, Blyth. — Vanellus Keptuscka, Temm.

Cette espèce asiatique, propre à la Sibérie, à la Tartarie et aux monts de l'Irtisch et Altaï, se rencontre fréquemmcnt au midi de la Russie et dans les steppes qui longent le Volga : de là elle va même en Crimée et dans les parties ouest de l'empire ; son apparition dans d'autres pays de l'Europe n'est que tout accidentelle : on l'a observée en Hongrie, en Dalmatie, en Allemagne, en Italie et en France. Dans ce dernier pays, le vanneau social n'a été pris qu'une seule fois : c'est en 1835 qu'un individu fut tué dans un marais d'Echirolles, près de Grenoble. On le rencontre également en Nubie.

Cet oiseau est très-sociable, aussi ne le voit-on jamais que par troupes de six à quinze individus. Il est d'un naturel vif et pétulant, court avec rapidité, et quand l'un d'eux prend son vol, toute la troupe le suit habituellement. Le vol est léger, mais avec battements d'ailes ; l'oiseau décrit généralement beaucoup d'ondulations dans les airs. Au printemps, cette espèce est très-abondante dans les prairies humides de Sarepta, d'où elle ne tarde pas à se rendre dans les parties sèches et verdoyantes des steppes. Ses mœurs sont, en un mot, presque semblables à celles de ses congénères, dont elle a également le régime.

On ne sait rien de positif sur la nidification ; il paraît cependant que cet oiseau niche en société, et que son nid se compose d'un peu d'herbe sur laquelle se trouvent les œufs.

Vanneau à queue blanche.

VANNEAU A QUEUE BLANCHE.

VANELLUS LEUCURUS, HARTL.

WHITE-TAILED LAPWING — WEISSCHWANZIGE KIEBIETZ.

Eversm. REISE NACH BOCKH., p. 137. — Aud. DESCR. DE L'EG. pl. 23, p. 388. — Less., TR. D'ORN. p. 542. — Blyth, CAT. BIRDS MUS. AS. SOC. BENG., p. 261. — Bonap., REV. CRIT. p. 180. — Hartl., ORN. W. AFR. p. 211. — Degl. et Gerbe, ORN. EUR. II, p. 146. — Sharpe et Dress., HIST. OF THE B. OF EUR., part. II, pl. XIII. — *Charadrius leucurus*, Licht. — *Lobivanellus leucurus*, Blyth. — *Chettusia leucura*, Bp. — *Vanellus grallarius*, Less. — *V. flavipes*, Savig. — *V. villotœi*, Aud.

Cet oiseau habite une grande partie de l'Afrique, où on le rencontre en Egypte, en Nubie, en Abyssinie, au Sennaar, au Sénégal et accidentellement en Algérie. Il habite également l'Inde, la Tartarie et la Syrie. M. Crespon, dans sa *Faune méridionale*, décrit une femelle qui fut abattue en France, le 25 novembre 1840, près de Maguelone (Hérault), au milieu d'une bande de vanneaux huppés avec lesquels elle vivait. Cet oiseau fait partie de la collection de M. Doumet, à Cette. M. Wright a annoncé une seconde capture de cette espèce à l'île de Malte, en octobre 1869 (*Ibis*, 1870 p. 491); c'était également une femelle.

Le vanneau à queue blanche recherche particulièrement les marais et les étangs riches en végétation; il vit par couple ou en petite troupe de quatre à dix individus, mais ce n'est qu'exceptionnellement qu'on le rencontre dans la compagnie d'autres oiseaux du même genre. Le vol de cet oiseau est léger et ressemble à celui du pluvier doré.

La propagation n'est pas encore bien connue.

Glaréole mélanoptère.

GLAREOLE MÉLANOPTÈRE.

GLAREOLA MELANOPTERA, Nordm.

BLACK-WINGED PRATINCOLE. — SCHWARZFLÜGELIGE GLAREOLE.

Pall., Zoogr. As., t. II, p. 150, n° 269. — Nordm., Bull. de Moscou, 1842, p. 314, pl. 2. — Degl., t. II, p. 110. — Schleg., Rev., p. 91. — Glareola Pratincola, Pall. — G. orientalis, Leach. — G. Pallasii, Bruch. — G. Nordmannii, Fisch.

Le glaréole habite tous les déserts de la Tartarie, les steppes avoisinant la Léna et le Volga jusqu'à l'Irtisch, ainsi que le voisinage de la mer Caspienne. On l'a même déjà pris en Grèce.

Les lieux que cet oiseau préfère, sont les rives sablonneuses des cours d'eau, des lacs et des mers. On le voit souvent dans ces localités voler très-près du sol en faisant retentir l'air de ses cris ; d'autres fois, il court à la recherche de sa nourriture qui consiste en larves, insectes, vers, et surtout en grillons. Ces chasses ont ordinairement lieu dans les champs en friche, et en société plus ou moins nombreuse, où les clameurs ne sont pas épargnées.

Le nid est placé entre une touffe épaisse de roseaux ou dans l'herbe, parfois aussi dans un pâturage bourbeux. Les œufs de cette espèce ne présentent aucun caractère stable qui les différencie de ceux du *G. torquata*, lesquels, comme on sait, sont sujets à de nombreuses variations de couleur.

On voit souvent des oiseaux de cette espèce dont les plumes noires, de la partie inférieure des ailes, sont plus ou moins mélangées de plumes d'un rouge brunâtre ; ce qui prouve clairement que cet oiseau n'est qu'une variété climatique, propre au nord de l'Europe et de l'Asie.

Bécasseau roussel

BÉCASSEAU ROUSSET.

TRINGA RUFESCENS, VIEILL.

THE BUFF-BREASTED SANDPIPER. — ROSTFARBIGE STRANDLÄUFER.

Vieill., N. Dict. d'hist. nat., XXXIV, p. 470. — Temm., Man. d'orn., t. IV, p. 408. — Schleg., Rev. crit., p. 92. — Yarr., Brit. Birds, t. III, p. 57. — Audub., Birds of Am., t. V, pl. 331.— Gould, Birds of Eur., pl. 326.—Degl., Orn. Eur., 2e édit., t. II, p. 209.—*Tringoides rufescens*, Gray.—*Actiturus rufescens*, Bonap. -- *Actitis rufescens*, Schleg. — *Tryngites rufescens*, Cab·

Ce bel oiseau habite l'Amérique septentrionale. Il n'est pas rare, à certaines époques, dans les contrées de l'est de ce continent; il est même commun dans les environs de Boston, car on le voit en grand nombre sur les marchés de cette ville, en compagnie du *T. maculata*. En Europe il ne fait que des apparitions accidentelles : on l'a observé en Angleterre, dans les comtés de Cambridge et de Norfolk, et en France, sur les côtes de la Picardie.

Les mœurs de ce bécasseau ont beaucoup de rapport avec celles de ses congénères. Quant à la nidification, elle est complétement inconnue. Le capitaine Ross croit qu'elle a lieu dans les régions arctiques; mais comme il n'a fondé son opinion que sur la trouvaille, dans ses régions désertes, d'une aile de cette espèce, il y a lieu de ranger l'assertion de ce voyageur au nombre des hypothèses les plus douteuses.

Bécasseau tacheté

BÉCASSEAU TACHETÉ.

TRINGA MACULATA, VIEILL.

THE PECTORAL SANDPIPER. — GEFLECKTE STRANDLÄUFER.

Vieill., N. Dict. d'hist. nat., XXXIV, p. 465.— Temm., Man. d'orn., t. IV, p. 397.—Bonap., Am. orn., t. IV, p. 44. — Schleg., Rev. crit., p. 89. — Audub., Birds of am., V, pl. 329.— Gould, Birds of Eur., pl. 527. — Yarr., Brit. Birds, 2ᵉ édit., p. 77. — Degl., Orn. Eur., 2ᵉ édit., t. II, p. 200. — *Pelidna pectoralis* et *P. maculata*, Bonap. — *Tringa pectoralis*, Say. — *T. campestris*, Licht. — *T. dominicensis*, Dᵍl.

Cette espèce habite les États-Unis, où elle est commune sur les bords des eaux de la Nouvelle-Jersey ; elle se montre accidentellement en Europe, mais il paraît qu'elle n'a encore été prise que sur les côtes de l'Angleterre.

Cet oiseau se tient volontiers dans le voisinage de la mer, au-dessus de laquelle on le voit souvent voler avec rapidité. Il est d'un naturel très-farouche : il s'envole dès qu'il croit apercevoir un danger, et cela sans faire entendre le moindre bruit. Sa nourriture se compose de petits insectes, de larves et d'algues marines.

M. Audubon dit avoir observé cette espèce pour la première fois dans l'État du Maine, nichant sur les pointes des rochers qui sortent de la rivière quand les eaux sont basses.

Bécassine grise.

BÉCASSINE GRISE.

GALLINAGO GRISEUS, DUBOIS.

GREY SNIPE. — GRAUE SUMPFSCHNEPFE.

Temm., t. II, p. 679. — Gould, t. IV, pl. 523. — Degl., t. II, p. 206. — Schleg., Revue, p. LXXXVI. — Scolopax grisea, Lath. — S. paykullii, Nils. — S. noveboracensis, Gmel. — Macroramphus griseus, Leach. — Totanus noveboracensis, Sabine.

Cette espèce est répandue dans la majeure partie de l'Amérique du Nord et de là elle se rend même quelquefois jusqu'au Brésil ; ce n'est qu'accidentellement qu'on la rencontre en Europe, où elle a été prise en Suède et en Angleterre.

La bécasse grise recherche de préférence les bords de la mer, des marais salants et les embouchures des rivières. Dans le courant du mois d'avril ou au commencement de mai, elle émigre vers les pays situés plus au nord et ne revient dans sa patrie qu'en août ou septembre, et c'est vers cette époque qu'on lui fait la chasse, car sa chair est très-recherchée. Cet oiseau se tient presque toute la journée dans les endroits marécageux où il aime à patauger en compagnie d'autres espèces aquatiques ; il faut cependant que les localités qu'il choisit pour faire ses ébats, soient bien pourvues de broussailles, qui puissent au besoin l'abriter en cas de danger.

Le vol de cette bécasse a lieu ordinairement en ligne droite et à peu d'élévation, sauf pendant l'émigration, il est alors plus élevé.

L'alimentation de cet oiseau consiste en insectes, larves, vers et aussi en coquillages qu'il cherche dans les eaux bourbeuses et stagnantes.

Le nid est formé d'herbe et de mousse, il est placé à terre dans un petit enfoncement et contient le plus souvent trois à quatre œufs.

Chevalier à pieds jaunes

CHEVALIER A PIEDS JAUNES.

TOTANUS FLAVIPES, BONAPARTE.

YELLOW LEGGED SANDPIPER. — GELBFÜSSIGER WASSERLÄUFER.

Wils. Am. ornith., t. VII, pl. 55, fig. 4. — Richards. et Swains., Fauna bor. Am., p. 390. — Bonap., Syn. n° 261. — Yarr., Birds of great Brit., 3 suppl. — Scolopax flavipes, Wils.

Cet oiseau habite l'Amérique du Nord et ne se montre qu'accidentellement en Europe, où on l'a pris en Grande-Bretagne.

Ce chevalier fréquente les mers, les marais salés et boueux et semble aimer à parcourir les bancs où il trouve en abondance sa nourriture ; on le voit également au bord des lacs et des bourbiers, dans les prairies et les pâturages pourvus d'étangs, dans lesquels il se plaît à patauger. Quoique d'un naturel farouche, il est cependant assez facile de l'abattre ; le chasseur peut même faire une chasse fructueuse, si, après la première décharge, il veut rester tranquille et laisser les oiseaux blessés voltiger et se débattre pendant quelques instants, car la troupe entière ne tardera pas à venir s'abattre près de leurs malheureux compagnons. Cet oiseau est très-recherché pour la table, car sa chair est grasse et succulente.

Ce chevalier se livre généralement au sommeil vers l'heure de midi et veille la majeure partie de la nuit ; s'il y a un beau clair de lune, il ne cherche même pas à se reposer. Les migrations ne se font que la nuit.

La nourriture de cette espèce se compose d'insectes aquatiques, de larves, de limaces, de lymnées et de vers de terre.

Le nid est construit au milieu d'un marais, sur une petite éminence, afin qu'il soit à l'abri de la crue des eaux. Les trois ou quatre œufs que dépose la femelle sont placés sur un tas d'herbes sèches.

Chevalier semi palmé.

CHEVALIER SEMI-PALMÉ.

TOTANUS SEMIPALMATUS, TEMMINCK.

SEMIPALMATED SANDPIPER. — SCHWIMMFÜSSIGER WASSERLÄUFER.

Degl., t. II, p. 198. — Temm., t. II, p. 637. — Gould, Birds of Eur., t. IV, pl. 311. — Bree, Birds of Eur. not obs. in the Brit. isles, t. IV, p. 68. — Wills.,Am. Ornith., t. VII, pl. 57. — Richards. et Swains., Fauna Bor. Am., p. 381. — Scolopax semipalmata, Gmel. — Tringa semipalmata, Wils. — Glottis semipalmata, Wils. — Catoptrophorus semipalmatus, Bonap.

Le chevalier semi-palmé habite l'Amérique, mais on le rencontre souvent en Europe, en Norwége, en Suède, en France et en Grande-Bretagne. Selon M. Nuttall, il passerait l'hiver sous les tropiques ou sur les côtes du golfe du Mexique. Au milieu de mars, il se montre déjà dans les marais des îles du golfe de Géorgie et de la Caroline du sud. En Amérique, il fréquente les côtes de la Floride et les bords des lacs salins avoisinant le Saskatchewan. Il arrive dans le centre des Etats-Unis dans la dernière quinzaine d'avril ou un peu plus tard, suivant la température.

On reconnaît facilement la présence de cet oiseau, par ses cris sonores et retentissants ressemblant à *pill-will-willet, pill-will-willet,* qu'on entend, paraît-il, à plus de huit cents mètres de distance. Dès qu'on approche du nid de cette espèce, on est obsédé par les parents qui voltigent au-dessus du nid et autour de la tête de celui qui vient les troubler dans leurs occupations les plus chères, tout en faisant retentir l'air de leurs clameurs. Les cris que ces oiseaux font entendre pendant ces moments d'angoisses ont beaucoup d'analogie avec ceux de l'avocette.

La nourriture de ce chevalier se compose de petits poissons, d'insectes aquatiques, de larves et de mollusques.

La ponte commence généralement vers le 15 ou le 20 mai. Le nid, placé à quelque distance de l'eau, non loin des champs et des terres cultivées, se compose d'un tas de joncs mouillés et d'herbes grossières, avec un enfoncement au centre qui contient les quatre œufs que pond généralement la femelle. Ce nid est graduellement agrandi pendant la période de la ponte et de l'incubation jusqu'à ce qu'il ait atteint une hauteur de douze à quinze centimètres.

Bartrame à longue queue.

BARTRAME A LONGUE QUEUE.

BARTRAMIA LONGICAUDA, LATH.

LONGTAILED-SANDPIPER. — BARTRAMS-UFERLAÜFER.

Temm., t. II, p. 651. — Gould , t. IV, pl. 313. — Degl., t. II, 197. — Naum., t. VIII, pl. 196. — TRINGA LONGICAUDA, Bechst. — T. BARTRAMIA, Wils. — ACTITURUS BARTRAMIUS, Temm. — BARTRAMIA LATICAUDA, Less.

Cet oiseau habite toute l'Amérique du Nord jusque dans l'isthme de Panama, et ce n'est qu'accidentellement qu'il vient en Europe. Un exemplaire de cette espèce a été pris en Hollande et un autre en Allemagne, près de Werra dans la Hesse.

Ce bartrame vit sur la rive des eaux, particulièrement de celles qui sont courantes et entourées de bois et de broussailles; on le voit plus rarement au bord des lacs découverts. Lorsqu'il se repose sur une petite élévation, telle qu'une pierre ou bien encore sur un tronc d'arbre penché au-dessus d'une rivière, il fait toujours beaucoup de mouvements avec la queue qu'il étale parfois en éventail.

La nourriture de cet oiseau se compose principalement d'insectes, de vers et de limaces, qu'il cherche dans les endroits marécageux en compagnie d'autres oiseaux congénères.

La nidification a lieu à terre dans un petit enfoncement; la ponte est habituellement de trois à quatre œufs.

Barge Cerck.

BARGE TEREK.

LIMOSA TEREK, TEMM.

TEREK GODWIT. — TEREK UFERSCHNEPPE.

Temm., t. IV, p. 426. — Degl., t. II, p. 177. — Gould, t. IV, pl. 307. — Bree, BIRDS OF EUR., t. IV p. 74. — Pall., ZOOGR., t. II, p. 181, n° 293. — Guér.-Mén., REV DE ZOOL., 1862, p. 369, pl. 15. — SCOLOPAX CINEREA, Güldenst. — S. TEREK, Lath. — LIMICULA TEREK, Vieill. — L. INDIANA, Less. — TEREKIA JAVANICA, Bonap. — LIMOSA RECURVIROSTRA, Schleg.

Le nord de l'Asie est la patrie de cet oiseau ; on le rencontre dans le gouvernement d'Arkhangel, ainsi que dans les contrées baignées par la mer Caspienne et la mer Noire. Il visite de temps à autre le centre de la Russie et vient accidentellement dans les autres pays de la région orientale de notre continent. Il a été tué en Normandie et dans les environs de Paris, suivant Temminck ; il paraît qu'un individu a également été abattu non loin de Montpellier.

Cette espèce vit dans les marécages et près des eaux stagnantes, où elle cherche sa nourriture, consistant en insectes, en larves et en vers. Elle va également dans les prairies et les pâturages où sa chasse est non moins fructueuse.

La Barge Terek émigre en société ; son vol est léger et rapide. Quand une troupe de ces oiseaux s'abat dans un marais ou dans tout autre endroit, il est facile au chasseur qui les guette d'en tirer plusieurs d'un seul coup de fusil, car ils sont peu craintifs.

Cet oiseau niche au bord des eaux ou sur une éminence mise à sec dans un marais. Les trois ou quatre œufs que pond la femelle reposent sur une litière de brins d'herbe et de diverses substances végétales.

Courlis boréal

COURLIS BORÉAL.

NUMENIUS BOREALIS, LATHAM.

NORTHERN CURLEW. — NORDISCHER BRACHVOGEL.

NAUMANNIA, t. IV, p. 308. — Bonap., Syn., n° 243. — Wils. Am. ornith., t. VII, p. 58, pl. 22, fig. 1. — Richards. et Swains., Fauna bor. Am. p. 378, pl. 66. — Scolopax borealis, Wils.

Cette espèce est propre au nouveau monde. Elle arrive en grand nombre du sud de l'Amérique, dans les premiers jours de mai, pour aller s'établir sur les côtes de la Nouvelle Jersey ; on la voit aussi, dans le courant d'avril, sur les côtes du Labrador et de la baie d'Hudson. Cet oiseau fut pris en Europe en Islande et décrit par le Dᵣ Kjärbölling dans la *Naumannia*. Selon le prince Bonaparte, un individu de cette espèce aurait également été tué en Écosse.

Ce courlis fréquente les marais salés et les endroits boueux On le voit communément près des flaques marécageuses et des eaux basses, en compagnie de beaucoup d'autres échassiers. Quand les eaux montent, les courlis vont par troupes rôder le long des marais. Ils s'élèvent souvent à de grandes hauteurs, ordinairement peu de temps avant le coucher du soleil ; ils forment alors une longue ligne, tenant une direction constante vers le nord ; leur vol en ce moment est lent et régulier, quoiqu'il soit généralement rapide dans d'autres occasions.

A l'époque de la maturité des mûres, ils se nourrissent volontiers de ces fruits, qui les rendent très-gras ; aussi forment-ils alors un mets délicat. Pendant le reste de l'année, ils ne vivent que de mollusques et de vers : ils sont alors peu recherchés pour la table.

Ces oiseaux s'accouplent et pondent, d'après Wilson, au nord du fort d'Albany près des forêts ; ils retournent en mai dans les marais et se montrent en septembre dans la Nouvelle Jersey, d'où ils partent finalement vers le sud au commencement de novembre.

Courlis boréal.

COURLIS BORÉAL.

NUMENIUS BOREALIS, LATH.

NORTHERN CURLEW. — BOREALISCHER BRACHVOGEL.

Lath., IND. II, p. 712. — Forst., PHIL. TRANS. XII, p. 411 et 431. — Licht., CAT. p. 75. — Swains. et Rich., FAUNA BOR. AM. p. 378, pl. 65. — Temm., PL. COL., V, pl. 381. — Schleg., MUS. P.B. (Scolopaces) p. 101. — *Scolopax borealis*, Forst. (non Gmel). — *Numenius brevirostris*, Licht. — *N. hemirhynchus*, Tem.

Plusieurs auteurs ont confondu le *Numenius borealis* avec le *N. hudsonicus*, parce que Gmélin et Wilson ont décrit et figuré ce dernier sous le nom de *borealis*. La même erreur a été commise sur la planche et à la page précédente, mais nous nous empressons de la corriger (1).

Le Courlis boréal se reconnaît facilement à sa petite taille et à son bec très-court. Il habite, en été, l'Amérique septentrionale, et émigre en septembre, par troupes de dix à vingt individus, vers le Brésil et le Paragay ; c'est pendant ses migrations qu'on l'observe aux îles Bermuda. Un Courlis de cette espèce a été pris en Ecosse, suivant M. Yarrell.

Cet oiseau est moins farouche que le Courlis d'Hudson, et paraît préférer les plaines découvertes aux bords des rivières ; quand il prend son vol, il fait entendre un cri ressemblant à *bibi*. Sa nourriture se compose de larves, d'insectes aquatiques, de vers et de baies de l'*Empetrum nigrum*.

La ponte est de trois à quatre œufs.

---

(1) Le texte et la pl. 144 se rapporte donc au Courlis d'Hudson (*N. hudsonicus*), dont une capture a été faite en Islande. Voici la vraie synonymie de cette espèce :
Numenius hudsonicus, Lath. — *Scolapax borealis*, Gmel. (non Forst.). — *Numenius borealis*, Wils. (non Lath).

Ibis sacré.

IBIS SACRÉ.

IBIS RELIGIOSA, cuv.

SACRED IBIS. — HEILIGER IBIS.

Temm., t. IV, p. 390. — Degl., t. II, p. 160. — Schleg., Rev., p. C. — Bree, Birds of Eur., t. IV, p. 43. — Bonap., Rev. de l'ornith., p. 188, n° 595. — Vierth., Naumannia, 1852, p. 58. —Numenius Ibis, Pall.— Tantalus æthiopicus, Lath.— Geronticus Ibis, Wagl.— Ibis æthiopica, Sav.

Cette espèce habite l'Abyssinie, la Nubie, le Sennaar, le Soudan, les rives du fleuve Bleu et du fleuve Blanc, l'Éthiopie et la Sénégambie ; elle est plus rare en Égypte et ne vient qu'accidentellement en Grèce, lors de ses migrations, qui se font par petites troupes.

Les ibis sacrés vivent habituellement dans les endroits marécageux ou inondés, ainsi que dans les champs de riz et de trèfle. Ils volent avec facilité et haut, en tenant le cou et les pattes tendus horizontalement. Pendant qu'ils se livrent à cet exercice, ils font parfois entendre leur cri ressemblant à *quak zik ;* quand alors ils s'abattent, ils se tiennent les uns près des autres et peuvent d'autant mieux être tués, qu'ils passent des heures entières à patauger dans la boue pour chercher leur nourriture. Celle-ci se compose de divers mollusques, de vers, d'insectes aquatiques et terrestres, particulièrement de sauterelles et probablement aussi de petits poissons et de grenouilles.

Cet ibis a un naturel des plus sociables et peut s'apprivoiser avec la plus grande facilité. C'est pour cette raison, peut-être, que les anciens Égyptiens le vénéraient et le laissaient courir en liberté dans les temples ; ils punissaient de mort quiconque osait attenter à la vie d'un ibis sacré. Le grand nombre de momies d'ibis découvert dans les pyramides fait supposer que cet oiseau a été très-commun en Égypte dans les temps anciens.

La nidification se fait sur les arbres, particulièrement sur ceux du genre *mimosa*, probablement parce que leurs troncs sont couverts d'épines et par conséquent peu accessibles, et qu'ils sont submergés pendant la crue des eaux. Le nid est plat, formé de chaume et doublé de tiges plus fines et de foin. La ponte est de trois ou quatre œufs, à grain assez rude.

Les jeunes oiseaux sont reconnaissables à leur tête et à leur cou emplumés, car ces parties ne deviennent nues qu'après la troisième année.

1/6

Tantale ibis.

TANTALE IBIS.

TANTALUS IBIS, LINNÉ.

TANTAL IBIS. — IBIS NIMMERSATT.

Schleg. Rev. crit. des ois. d'Eur. p. c. — Bonap., Rev. crit. de l'Ornith. europ., n° 393 — Keys. et Blas., p. LXXXI, n° 567. — Rupp. Vg. N. O. Afr., n° 446. — Pall., Zoogr. russo-as., t. II, p. 165, n° 280. — Buff., Pl. enlum., 389. — Numenius ibis, Pall. — Ibis candida, Perrault. — Tantalus rhodinopterus, Wagl.

Le tantale ibis a pour patrie le Sénégal, la Sénégambie et la Nubie. Pendant les inondations du Nil, il est assez commun depuis le Sennaar jusqu'en Égypte. Il vient accidentellement en Grèce et sur les côtes de la mer Caspienne; il fut pris, selon Pallas, dans le midi de la Russie.

Cet oiseau est d'un naturel tranquille et paresseux : on peut lui faire la chasse avec la plus grande facilité et même s'en emparer vivant. Il supporte bien la captivité, mais on préfère lui laisser la liberté à cause des services qu'il rend par la destruction d'animaux malfaisants. Il détruit un grand nombre de serpents, mais il ne dédaigne pas non plus les grenouilles et les reptiles en général; c'est pour cette raison qu'il se tient volontiers dans les lieux inondés, où il peut faire bonne chasse sur les éminences respectées par les eaux.

Le tantale ibis niche sur les arbres : son nid est formé de buchettes et contient deux à trois œufs.

Les jeunes ne quittent leur nid que quand ils savent voler. Ils sont pendant toute la première année de leur existence d'un blanc roussâtre avec les pattes grises.

Anthropoïde Demoiselle.

Genre Anthropoïde. — Anthropoïdes, Vieill.

ANTHROPOIDE DEMOISELLE.

ANTHROPOIDE VIRGO, VIEILL.

MISS GRANE. — JUNGFERN-KRANICH.

Temm. t. IV, p. 367.— Degl. t. II, p. 125.— Naum., t. IX, pl. 262. — Gould, t. IV, pl. 272 — Bree. t. IV, p 27. — Malh. Fau. de Sicile, p. 169. — v. d. Müh., Ornith. Griechenl., n° 209. Savi, ornith Toscana, t. II, p. 334. — Rupp. Vg. N. O. Afr , n° 421, — Ardea virgo, Lir. — Grus virgo, Pall.

L'anthropoïde demoiselle habite une grande partie de l'Asie : la Syrie, la Perse, l'Hindoustan et la Tartarie sont les pays de ce continent où on la rencontre. En Afrique on la trouve en Égypte, en Nubie, en Guinée, et sur la majeure partie des côtes de l'océan Atlantique et de la mer Méditerranée. Pendant ses migrations elle visite la Turquie, la Grèce, l'Italie et elle a même déjà été tuée en Silésie.

Ces oiseaux voyagent par bandes, à la façon des grues, et mettent toujours beaucoup d'ordre dans leur vol : tantôt ils forment une ligne oblique, tantôt ils se disposent sur deux rangs en formant un angle aigu, ce qui leur permet de fendre l'air avec plus de facilité. Ils fréquentent de préférence les endroits verdoyants et entrecoupés de marécages, sans pour cela dédaigner les lieux secs. Ils sont excessivement défiants et rusés, et il est très-difficile de les approcher à portée de fusil, malgré leur réunion en nombre considérable.

Cette anthropoïde, plus connue sous le nom de *demoiselle de Numidie*, s'apprivoise très-facilement : elle montre dans sa captivité une grande gaîté, aussi amuse-t-elle beaucoup les personnes qui la visitent, par ses gentillesses, ses sauts et ses poses burlesques, dont on peut avoir une idée dans les jardins zoologiques, qui rarement sont privés de ces oiseaux.

La nourriture de ce bel échassier se compose de diverses graines, de gousses de légumineuses, de bourgeons, de jeunes feuilles, de racines ainsi que d'insectes et de larves, mais particulièrement de sauterelles, de vers et de petites limaces.

La nidification a lieu dans de grands marais inaccessibles à l'homme. Le nid, placé sur un monticule, est formé par un tas de tiges, de graminées et de feuilles sur lesquelles reposent deux œufs.

Grue antigone

GRUE ANTIGONE.

GRUS ANTIGONE, PALL.

THE ANTIGONE CRANE. — ANTIGONISCHER KRANICH.

LIN., SYST. NAT., t. 1, p. 235. — BRISS., ORNITH., t. V, p. 378. — PALL., ZOOGR., t. II, p. 102. — Vieill., NOUV. DICT., t. XIII, p. 560. — Reich., NAT. SYST. VÖG., p. 22. — BREE., BIRDS OF EUR., t. IV, p. 36. — Degl. et Gerbe, ORNITH. EUR., t. II, p. 276. — *Ardea antigone*, Lin. — *Antigone torquata*, Reich. — *Grus orientalis indica*, Briss. — *G. torquata*, Vieill.

La grue antigone se caractérise par la nudité de la tête et de la moitié supérieure du cou, qui ont une teinte rougeâtre, excepté à l'occiput où cette couleur passe, chez les adultes, au bleuâtre; ces parties nues sont parsemées de quelques poils noirs.

Cet oiseau habite les Indes orientales, l'Asie centrale, les plaines désertes de la Grande-Tartarie et la Daourie ; dans ce dernier pays elle est, d'après Pallas, plus commune que la grue cendrée. M. Nordmann signale deux captures faites dans la Russie méridionale, non loin de Rostoff, sur le Don.

Cette espèce recherche de préférence les lieux marécageux. Elle émigre par couples et non par troupes nombreuses, comme le fait la grue cendrée.

Elle niche dans les endroits les plus inaccessibles des marécages ; la ponte est généralement de deux œufs.

Grue leucogérane.

GRUE LEUCOGÉRANE.

GRUS LEUCOGERANUS, PALLAS.

THE CRANE LEUCOGÉRANE. — WEISSER KRANICH.

Temm. t. IV, p. 363. — Degl. t. II, p. 123. — Bree, BIRDS OF EUR., NOT OBS. IN THE BRIT. ISLES, t. IV, p. 23. — Gould, t. IV., pl. 271 — Ardea gigantea, Gmel. — A. Antigone, Lin. — Grus gigantea, Vieill. — G. leucogeranos, Less.

La véritable patrie de cet oiseau est le pays de l'Amour, la Sibérie et la Perse, d'où il arrive accidentellement en Europe; il est commun au sud du Volga, sur la côte ouest de la mer Caspienne, ainsi qu'en Chine et au Japon. Pallas dit en avoir vu deux dans le voisinage de Saint-Pétersbourg.

Cette grue vole avec facilité et peut franchir les plus grandes distances. Il est facile de la reconnaître de loin à cause de sa forte taille et de sa couleur d'une blancheur éclatante. Cet échassier est excessivement farouche et très-difficile à tirer, parce qu'il se tient constamment hors de portée du fusil. M. le D' Schrenck dit l'avoir observé le 18 juillet 1855, sur un banc de sable du fleuve Amour, dans le voisinage de Gorin; mais comme ce naturaliste ne put s'en approcher qu'en faisant un long détour, pour ne pas être aperçu, l'oiseau s'envola en jetant de grands cris, avant qu'il fût assez près pour pouvoir l'abattre. Le même observateur vit, le 27 septembre de la même année, trois de ces grues sur un îlot à la partie inférieure de l'Amour, près de Ischlmok; mais elles s'envolèrent également avant que sa barque ne s'en fût suffisamment approchée. Le capitaine Irby dit aussi avoir vu cette grue en février 1859 à Sandea, et en décembre à Hilgra, sur la rivière Choka, mais il ne put en tirer aucune.

La nidification se fait dans les endroits marécageux les plus inabordables. Le nid est placé sur une légère élévation, entre des roseaux et autres plantes aquatiques. Il est plat et formé d'un grand tas de diverses graminées et de feuilles sèches. La ponte est de deux œufs.

Baléarique couronnée.

Genre : *BALÉARIQUE*. — *BALEARICA, Vigors*.

BALÉARIQUE COURONNÉE.

BALEARICA CORONATA, DUBOIS.

CROWN BALEARIC. — KRONEN BALEARICK.

———

Degl , t II, p. 128. — Bree, BIRDS OF EUR. NOT. OBS. IN THE BRIT. ISLES, t. IV, p. 33. — Bonap. REV. CRIT., p. 178, n° 331. — Malh. FAUNE ORNITH. DE LA SICILE, p. 168. — ARDEA PAVONIA, Lin. — A. PAVONINA, Gmel. — GRUS BALEARICA, Briss. — G. PAVONINA, Licht. — ANTHROPOÏDES PAVONIUS, Viell. — BALEARICA PAVONINA, Vig.

Ce bel et fier échassier habite le nord et l'ouest de l'Afrique, et visite les îles Baléares, d'où lui est venu le nom de Baléarique. On le voit parfois aussi sur l'île de Lampedosa, près de Malte ; mais il ne se montre qu'accidentellement sur les côtes méridionales et occidentales de la Sicile. Il passe généralement l'hiver dans la Basse-Égypte.

A cause du vol lent et des couleurs tranchées de cette espèce, l'observateur, s'il n'en est pas trop éloigné, peut facilement la reconnaître. En volant, elle tient ordinairement le cou tendu et la couronne couchée en arrière ; à terre, elle se tient très-droite et sa belle huppe est relevée en couronne. La baléarique sait fort bien courir, et il serait même difficile à l'homme de lutter avec elle à la course, car les ailes facilitent beaucoup l'agilité de l'oiseau.

Cet échassier aime à vivre en société le long des cours d'eau et dans les broussailles. Sa nourriture consiste en graines de céréales et d'autres graminées, ainsi qu'en vers, mollusques, insectes et petits poissons.

Vers l'heure du midi, après s'être bien repues, les baléariques entrent dans l'eau, par petites troupes, afin de satisfaire leur soif ; puis elles se rendent sur des bancs de sable, des îlots ou même sur le rivage, où elles commencent une danse fort singulière : elles déployent leurs ailes, prennent des poses fort grotesques et sautent avec agilité. A l'approche de la nuit, elles s'envolent à grands cris dans les bois, où elles se tiennent sur les arbres jusqu'à l'aurore.

Le nid est grossièrement construit à l'aide de roseaux, de graminées et de buchettes ; il contient deux œufs.

———•———

Héron melanocephale

HÉRON MÉLANOCÉPHALE.

ARDEA MELANOCEPHALA, VIG.

THE BLACK-CAP HERON. — SCHWARZKÖPFIGE REIHER.

Denb. et Clapp., Voy. et découv dans le N. et le centre de l'Afr , t. III, app. p. 242. — Wagl., Syst. av., n° 4. — Smith, Ill. South Afr. zool, pl. 86. — Des Murs, Icon. Ornith , pl. 30. — Degl., Orn. Eur., 2ᵉ édit., II, p. 289. — *Ardea atricollis*, Wagl.

Ce héron habite une grande partie de l'Afrique : on le rencontre en Barbarie, en Sénégambie, en Guinée, en Abyssinie, dans le Soudan et jusqu'au Cap de Bonne-Espérance ; il se montre accidentellement dans le midi de l'Europe. M. Jerbe a signalé l'apparition de cet oiseau en France, où un magnifique mâle a été tué dans les environs d'Hyères en 1845. Un second individu paraît avoir été pris sur le Petit-Rhône, près de Sainte-Marie. On signale également quelques captures sur les côtes de l'Espagne.

Le régime et les mœurs de cet oiseau ne diffèrent en rien de ceux du héron commun. Quant à la propagation, elle est encore inconnue.

Le héron melanocéphale se distingue facilement du héron cendré, par les couvertures inférieures des ailes qui sont complétement blanches, quel que soit l'âge de l'oiseau.

Héron de Sturm

HÉRON DE STURM.

ARDEA STURMII, WAGL.

STURM'S HERON. — STURM'S REIHER.

Wagl. Syst. av. gen. *Ardea*, sp. 37. — Smith, Rep. of exped., App. p. 57, et Illustr zool. S. Afr., pl. 91. — Swains. Anim in menag , p. 334. — Gray, Gen. of Birds, t. III, pl 40. p. 556. — Bonap., Consp. t. II. p. 131 et Comptes rend. de l'Acad. des sc. (1856) t. XLIII, p. 991. — Degl. et Gerbe, Ornith. Eur. t. II, p. 304. — Cancrophagus gutturalis, Smith. — Egretta plumbea, Sw. — Ardetta Sturmii, Gray. — A. gutturalis, Bonap. — Ardeiralla Sturmi, Verr. — Herodias Sturmi, Cabau.

Cette espèce habite l'Afrique occidentale et méridionale, et s'égare très-accidentellement en Europe, où elle a été plusieurs fois observée dans les Pyrénées. C'est le prince Ch. Bonaparte qui, le premier, a fait connaître l'apparition de cet oiseau sur notre continent, et voici ce qu'il dit à ce sujet : « .... On en a tué plusieurs fois, et j'en ai tenu dans les mains deux exemplaires venant d'un chasseur instruit et digne de foi. Ce serait donc encore une espèce accidentelle à ajouter à la faune d'Europe. Dans tous les exemplaires pyrénéens, le bec était jaunâtre ; c'est pourquoi, malgré la plus grande distance de leurs habitations, je les rapporte à l'*Ardetta gutturalis* du Cap plutôt qu'à l'*Ardea Sturmii*, Wagl. du Sénégal. » On a aujourd'hui la certitude que la couleur du bec varie avec l'âge, qu'elle passe du jaunâtre au noir-brun, et l'on est d'accord pour réunir en une seule les deux espèces dont parle le prince Bonaparte.

Les jeunes ont la teinte claire du dessous plus rousse que chez l'adulte et toutes les plumes du dessus sont bordées de roux.

Les mœurs et la propagation de cet oiseau sont peu connues. L'estomac d'un individu, tué près du fleuve Orange, contenait uniquement des crustacés.

Butor d'Amérique

BUTOR D'AMÉRIQUE.

BOTAURUS AMERICANUS, DUBOIS.

AMERICAN BITTERN. — AMERIKANISCHE ROHRDOMMEL.

Temm. t. IV. p, 581. — Schleg. Rev., p. 99. — Degl. t. II, p. 145. — Gould, Birs of Eur.,
t. IV, pl. 284. — Selb. Brit. Ornith, t. II. p. 34. — Yarr. Brit. Birds, 2ᵉ édit. t. II, p. 545. —
Leach, Syst. Cat. p. 33. — Wills. Am. Ornith., p. 65, pl. 35, fig. 3. — Richards. et Swains.
Fauna bor. Am. p. 374. — Ardea minor, Wils. — A. stellaris, var. Lath. — A. lentiginosa,
Mont. — A. mokoho, Vieill. — A. adspersa, Lichtenst. — Butor americana, Swains. — Botau-
rus freti Hudsonis, Briss. — B. lentiginosus, Step.

Ce butor est commun sur les bords de toutes les mers et des rivières
de l'Amérique du Nord. On le trouve aussi dans l'intérieur du pays, car
Wilson dit l'avoir tué en octobre près du lac de Sénéca. Il visite au
commencement de juin la rivière Severn et la baie d'Hudson. On a tué
cet oiseau à deux reprises dans les îles Britanniques.

C'est un oiseau qui passe presque toute la journée à dormir blotti
entre les roseaux et menant une vie des plus solitaire. Il se plaît aussi à
courir dans la vase des marais, mais il ne vole et ne cherche sa nourriture que la nuit. On entend alors de temps en temps un son guttural
ressemblant à *kwa*.

Le butor d'Amérique a l'ouïe très-développée et il entend ainsi facilement l'approche de l'ennemi. Si cependant le chasseur a pu s'approcher
de l'oiseau, celui-ci s'envole aussitôt, mais comme son vol est lourd, il
n'est pas difficile de l'abattre.

Cette espèce vit exclusivement de petits poissons, de grenouilles, d'insectes et de vers.

La nidification a lieu dans les marais. Le nid est formé d'un tas de
roseaux, de tiges et d'herbes, sur lequel reposent quatre ou cinq œufs.
On dit que les jeunes sont d'abord noirâtres.

Butor garde-bœuf.

BUTOR GARDE-BŒUF.

BOTAURUS BULBUCUS, BONAPARTE.

THE BUFF-BACKED BITTERN. — OCHSENHÜTER ROHRDOMMEL.

Temm. t. IV, p. 379 — Degl. t. II, p. 143. — Gould. t. IV, pl. 278. — Schleg. Rev., p. XCVIII. — Malh., Faune de la Sic., p. 173. — Yarr., Brit. Birds, t. II, p. 526. — Rüpp. Vög. N. O. Afr., n° 429. — Ardea affinis, Norsf. — A. Coromandelica, Lichst. — A. bulbucus, Savig. — A Coromandelensis, Steph. — A. æquinoctialis, Montag. — A. Verany, Roux. — A. bicolor et A. ruficapilla, Vieill. — Buphus bulbucus, Bonap.

Cet oiseau habite le Sénégal, le nord de l'Afrique, le sud-ouest de l'Europe et les pays limitrophes de l'Asie. Il se montre accidentellement dans quelques îles de la Méditerranée, en Italie, en Sicile et en France.

Ce butor vit habituellement au milieu des troupeaux, pour saisir les insectes qui volent autour des bestiaux ; c'est de là que lui est venu son nom. S'il faut croire aux récits de certains voyageurs, cet oiseau serait, en Abyssinie, l'ami inséparable des éléphants ; M. d'Arnaud dit même avoir vu de ces pachydermes qui avaient le dos couvert de butors garde-bœufs. Comme on le voit, les mœurs de cet oiseau s'éloignent tant soit peu de celles des autres espèces du genre ; il vit en société, s'éloigne souvent des marécages et se perche volontiers sur une branche en se tenant sur une patte.

La nourriture de ce butor se compose d'insectes, de petits poissons, de reptiles et de batraciens de petite taille. En captivité, il mange pour ainsi dire tout ce qu'on lui donne.

La nidification a lieu en société dans les roseaux. Les trois ou quatre œufs que dépose la femelle reposent sur quelques feuilles de roseaux, dans un endroit un peu élevé et à l'abri de l'eau.

Porphyrion hyacinthe.

Genre Porphyrion. — *Porphyrio*, Briss.

PORPHYRION HYACINTHE.

PORPHYRIS HYACINTHINUS, TEMM.

PURPLE WATERHEN. — HYACINTH PURPURHUHN.

Temm., t. II, p. 698. — Gould, t. IV, pl. 340. — Brée, t. IV, p. 77. — Degl., t. II, p. 278. — Malh., Ois. d'Alg., p. 21. — Malh., FAUNE DE SICILE, p. 196. — FULICA PORPHYRIO, Lin. — PORPHYRIO ANTIQUORUM, Bonap. — P. VETERUM, Gmel.

Cet oiseau habite l'Égypte, l'Algérie, la Calabre, les îles Ioniennes, l'Archipel grec, la Sicile, où il est très-commun sur le lac Lentini, dans les marais de Catane, dans l'Anapus et la rivière de Ajane. Il est plus rare en Sardaigne et dans la Dalmatie et n'arrive qu'accidentellement en Provence et dans le Dauphiné.

Ce porphyrion se tient près des eaux tranquilles, dans les marais, les lacs, et principalement dans les champs de riz. Il est cependant plus sur la terre ferme que sur l'eau, et paraît même n'être qu'un nageur médiocre. Il plonge avec facilité au moindre danger, mais il revient toujours à la surface au même endroit où il a disparu un instant auparavant, ce qui permet de le prendre vivant sans grande difficulté.

Il se nourrit de racines, d'herbages aquatiques, de céréales et particulièrement de riz ; il ne dédaigne pas non plus les insectes, et lorsque l'objet qu'il doit avaler est un peu volumineux, il le prend avec les ongles pour le porter au bec.

Son naturel doux et timide le fait apprivoiser aisément, et il vit parfaitement bien dans les basses-cours, en compagnie d'autres oiseaux.

Ce porphyrion ne construit pas de nid : il dépose simplement ses deux à quatre œufs sur la terre ou sur une touffe d'herbe, à proximité d'un marais.

Porphyrion Allen.

PORPHYRION ALLEN.

PORPHYRIO ALLENI, GRAY.

THE ALLEN 'S WATERHEN. — ALLEN 'S PURPURHUHN.

Thomp., ANN. ET MAG. OF NAT. HIST , X, p. 204. — Gray, GEN. OF B., III, p. 598, pl. 162. — JOURN. F. ORN., III, p. 357.—HARTL., SYST. ORN. W. AFR., p. 243.—Schleg., MUS. P.-B. (RALLI), p. 38. — THE IBIS, VI, 1870, p. 432. — *Gallinula alleni*, Thomp. — *G. porphyrio*, Tem. — *G. mutabilis* (jun.), Sundev. — *Cœsarornis alleni*, Reichenb. — *Hydrornia porphyrio*, Hartl. — *Porphyrio minutus*, Heugl.

Ce Porphyrion, l'un des plus petits du genre, est d'une taille approchant de celle de la poule d'eau commune. Plusieurs auteurs l'ont réuni aux *Gallinulœ;* d'autres en ont fait un genre spécial, basé sur ce que cette espèce a le bec plus grêle et la queue proportionnellement plus longue que les Porphyrions. Le docteur Hartlaub a formé de cette espèce deux genres différents : il décrit dans son *Ornithologie Westafrica's*, p. 243, sous le nom de *Porphyrio alleni,* le type de Thompson, et sous celui de *Hydrornia porphyrio,* le type de Temminck. Nous avons examiné ces oiseaux au musée de Leyde, et nous sommes parfaitement de l'avis de M. Schlegel, qu'il n'y a pas lieu d'en faire deux espèces, à plus forte raison deux genres différents.

Cette espèce habite l'Afrique chaude, le Sennaar, l'Abyssinie, la Mozambique, et surtout la Côte-d'Or. Il est probable qu'elle visite accidentellement le nord de l'Afrique, puisqu'elle a même fait une apparition en Italie. C'est M. le professeur P. Savi qui, le premier, a fait connaître ce fait intéressant; M. de Sélys-Longchamps dit avoir vu, au musée de Pise, le jeune individu pris à Lucques.

Flammant rose.

1.ᵉ Adulte. 2 jeune.

Genre Flammant. — Phœnicopterus, Linn.

FLAMMANT ROSE.

PHOENICOPTERUS ROSEUS, PALL.

ROSY FLAMINGO. — ROSENFARBIGE FLAMINGO.

Temm. IV, p. 386. — Degl. t. II, p. 259. — Gould, t. III, pl. 287. — Bree, BIRDS OF EUR. t. IV, p. 38.— Naum. t. IX, pl. 233.— v. d. Mühl. ORNITH. GRIECHENL., n° 263.— Malh. FAUN. DE LA SICILE, p. 200.— Savi, ORNITH. TOSC. t. II, p. 363. — Rüpp. VG. N. O. AFRIK., n° 483. — Malh, OIS DE L'ALG. p. 20. — PHÆNICOPTERUS RUBER, Lin. — P. EUROPÆUS, Vieill. — P. ANTIQUORUM, Bonap.

Cet oiseau habite l'Asie occidentale ainsi que plusieurs contrées du nord de l'Afrique, telles que la Sénégambie, l'Algérie, la Barbarie, etc. En Europe on l'observe en Espagne, au Portugal, en Sicile, en Sardaigne, plus rarement sur les côtes de la France et accidentellement en Allemagne; on en prit un couple en Suisse et un individu sur le bord du Rhin près de Alzey ; en juin 1811, on vit sur les rives du même fleuve, près de Kehl et de Gambsheim, une troupe de vingt-sept de ces oiseaux dont six furent abattus.

Les flammants vivent en sociétés composées parfois de cent à deux cents individus. Ils se tiennent de préférence dans le voisinage des eaux salées, des marécages et sur les îlots en partie submergés. Leur grande prudence en rend l'approche des plus difficile : pendant qu'une troupe repose ou qu'elle cherche sa nourriture, des sentinelles veillent constamment à la sûreté commune ; au moindre danger elles jettent un cri perçant et toute la bande s'éloigne à tire d'aile. Le vol est léger, majestueux et peut emporter l'oiseau à une grande hauteur.

Le flammant rose vit de vers, de mollusques et de frai de poissons, mais particulièrement de coquillages marins. Il aime, quand il pêche sa nourriture, de patauger jusqu'à mi-jambes dans l'eau, mais il ne nage que rarement, quoiqu'il soit très-bon nageur.

La nidification a généralement lieu dans les lagunes à peu de distance de la mer. Chaque couple se construit une hutte conique formée de boue et d'herbe; la partie supérieure présente un petit enfoncement bourré d'herbe et de radicelles sur lesquelles reposent deux, rarement trois œufs. Ce genre de nid, d'une forme exceptionnelle, se trouve placé dans un endroit peu profond mais environné d'eau de toute part ; c'est à l'aide des pattes que l'oiseau réunit et amoncelle les matériaux servant à la construction du nid.

Les jeunes flammants n'obtiennent leur plumage parfait qu'au bout de la quatrième année de leur existence.

Foulque à crête

FOULQUE A CRÊTE.

FULCICA CRISTATA, GMEL.

CRESTED COOT. — KAMM-BLESSHUHN.

Degl., t. II, p. 282. — Brée, t. IV, p. 82. — Bonap , FAUNA ITAL., pl. 44.' — Vieill., GALER. DES OIS., pl. 269. — Less., TRAITÉ D'ORNITH., p. 552. — Schleg., REV., p. CII. — Malb., FAUNE DE LA SICILE, p. 198. — Cab., JOURN. ORNITH., p. 80. — LUPHA CRISTATA, Reichb.

Ce foulque habite la plus grande partie de l'Afrique qui est sa véritable patrie. Il est fort répandu en Algérie et en Abyssinie et il est très-commun à Madagascar, sauf dans la partie occidentale de cette île, où il paraît être rare. Cet oiseau peut également être considéré comme une rareté pour l'Europe dont il ne fréquente que les contrées du midi; on le rencontre en Espagne, en Sardaigne, en Sicile et en Provence.

Ses mœurs ont beaucoup d'analogie avec celles du foulque noirâtre : il vit, comme ce dernier, sur les lacs, les étangs et en général sur toute eau stagnante riche en végétation. Il nage en faisant un mouvement de tête continuel, et court souvent avec agilité, en battant des ailes, sur les feuilles de nénuphars, ce qui cause un bruit particulier que le chasseur sait fort bien distinguer.

La nourriture de cet oiseau est composée d'herbages et d'insectes aquatiques, ainsi que de vers.

La nidification a lieu dans les roseaux, et le plus souvent, du côté de l'eau, afin d'en rendre l'accès impossible. Le nid est placé sur une petite éminence; il se compose d'un assemblage de feuilles, de tiges sèches de roseaux et de joncs.

Les œufs, qu'on y trouve au nombre de huit à douze, ne se distinguent de ceux du foulque noirâtre que par leur couleur plus vive. Les deux sexes se partagent les soins de l'incubation.

Chez les jeunes individus, les crêtes ne sont encore que de petites verrues placées à l'extrémité de la plaque frontale; cette dernière est également beaucoup plus petite que chez l'adulte.

Frégate brune
Mâle.

Frégate brune
jeune

Genre : FRÉGATE. — TACHYPETES, Vieill.

FRÉGATE BRUNE.

TACHYPETES AQUILUS, BURM.

THE BROWN FRIGATE. — BRAUNE FREGATE.

Linn., Syst. nat., I, 216. 2. — Buff., Pl. col 961. — Lath. Ind. orn., II, 883. 10. — Vieill., Gal. des ois., III, p. 187, pl. 274. — Pr. Max. z. Wied, Beitr. IV, p. 885. — Schomb., Reise Britt. Guy., III, p. 763. — Burm., Syst. Ueb. d. Thiere Bras., III, 2. p. 459. — *Pelecanus aquilus*, Lin. — *Tachypetes aquila*, Vieill. — *T. leucocephalus*, (*jun*.), Kitl.

Cet oiseau habite les mers tropicales des deux hémisphères; il est commun au Brésil dans la baie de Rio-Janeiro, où on le voit voler par troupes ou opérer sans crainte sa pêche près de la côte ou entre les vaisseaux. Son vol puissant l'a déjà amené jusqu'en Europe, où il a été pris sur le Wéser.

La frégate est un oiseau d'une grande force musculaire qui, grâce à la grandeur de ses ailes, peut braver les tempêtes les plus terribles. On la voit jour et nuit planer dans les airs en faisant à peine mouvoir ses ailes; tantôt elle rase avec dextérité la surface de l'eau, tantôt son vol rapide l'emporte à des hauteurs tellement considérables qu'elle échappe à nos yeux. Elle paraît aimer la pleine mer, car on la rencontre souvent à des distances énormes des côtes; mais ce qu'elle préfère avant tout, ce sont les golfes et les embouchures des fleuves. Elle se montre parfois aussi sur les eaux courantes et sur les lacs. Pour se reposer, la frégate se perche sur un écueil saillant, un rocher et même sur un arbre, dont elle se laisse tomber à la façon des martinets quand elle veut reprendre son vol. Lorsqu'on la rencontre sur un rocher à quelque distance du bord, on peut facilement la saisir avec les mains.

La nourriture de cet oiseau consiste presque essentiellement en poissons; il attaque souvent dans l'air les autres oiseaux pêcheurs pour les forcer à abandonner le produit de leur pêche. Quand un cétacé mort nage à la dérive ou est échoué sur la côte, les frégates se rassemblent en masse pour le dépecer.

Le nid est bâti sur un rocher ou dans une excavation creusée naturellement dans le roc; il se compose de branchages négligemment jetés en tas. La ponte n'est que d'un seul œuf.

Phaëton à brins blancs.

Genre : PHAÉTON. — PHAETON, Lin.

PHAÉTON A BRINS BLANCS.

PHAETON LEUCURUS, A. DUBOIS.

COMMON TROPIC BIRD. — WEISSCHWÄNZIGE TROPIKVOGEL.

Lin., Syst. nat. I, 214. — Buff., Pl. enl. 369 et 998. — Sch., Naturg. d Vög., p. 389, pl. 133. — Bree, List of Eur. Birds, n° 55. — *Phaeton aethereus*, Lin.

Cet oiseau a pour patrie l'océan Atlantique, les côtes des îles Bourbon, de France et en général de toutes les îles situées dans des latitudes tropicales. Il a fait une apparition tout accidentelle en Europe sur l'île Helgoland.

Le phaéton à brins blancs se plaît beaucoup dans le voisinage des vaisseaux à voiles qu'il aime à accompagner. Son vol est léger, silencieux et offre parfois un tremblement qui ferait supposer que l'oiseau est fatigué et qu'il est sur le point de s'abattre ; cela ne l'empêche pourtant pas de franchir encore des distances énormes. Il est rare qu'il fende les airs sans qu'on aperçoive de mouvements d'ailes. Il s'abat parfois d'une grande hauteur, et cela avec la rapidité d'une flèche, pour fondre sur un poisson qui nage à la surface des eaux ; mais le plus souvent il fait la chasse aux poissons volants, si abondants dans les mers tropicales.

Cet oiseau se repose sur l'eau et s'abandonne même au sommeil, tout en se laissant balancer au gré des vagues ; il se perche aussi sur les arbres qui avoisinent la mer et y passe souvent la nuit.

Le nid se trouve dans le trou d'un rocher et consiste simplement en une litière naturelle sur laquelle se trouvent deux œufs. Les jeunes sont couverts, au commencement de leur naissance, d'un duvet blanc de neige.

C'est sur l'île Bourbon et sur l'île de France que cette espèce niche en plus grande abondance.

Anhinga rufa.

Genre : ANHINGA. — ANHINGA, Marcgr.

ANHINGA NOIR.

ANHINGA NIGRA, DUBOIS.

THE BLACK-ANHINGA. — SCHWARZE ANHINGA.

Lin. Syst. nat., I, 218, 1. — Buff., Pl. enl. 959 et 960. — Lath., Ind. orn., II, 895, 1. — Pr. Max z. Wied, Beitr., IV, 900, 1. — Schomb., Reise, III, 764, 422. — Marcgr., Hist. nat. Bras., 218. — Schl., Nat. d. Vögel, p. 399, pl. 134. — Burm., Syst. Uebers. der Thiere Bras., III, 2, 461. — F. Baird, Distr. and migr. of N. Am. Birds, 27. — *Plotus anhinga*, Lin. —*Anhinga arborea,?*

Cette espèce est propre au Nouveau-Monde, où on l'observe sur les côtes de l'Amérique du Nord, au Paraguay, à la Guiane et au Brésil; dans ce dernier pays, elle est commune sur tous les fleuves qui arrosent les forêts vierges. Ce n'est qu'accidentellement qu'elle s'est montrée en Angleterre.

Ce palmipède est d'un naturel farouche et méfiant, aussi évite-t-il avec soin le voisinage de l'homme. Il vit par petites troupes qui se réunissent généralement sur les fortes branches des arbres croissant au bord de l'eau. Ses mœurs ont, du reste, beaucoup de rapports avec celles des cormorans. Lorsque l'anhinga se repose, il agite le cou, les ailes et la queue et il étale alors cette dernière en éventail; s'il est surpris par un ennemi quelconque, il se laisse tomber dans l'eau pour ne réapparaître à la surface que loin du lieu où il a plongé.

La nourriture de cet oiseau se compose de poissons, de vers et d'insectes aquatiques.

C'est sur les arbres que se fait la nidification. Le nid se compose de buchettes et de joncs entremêlés de feuilles de roseaux. La femelle dépose un ou deux œufs.

Pélican rosé.

Pélican rosé.

jeune.

157

Genre Pélican. — Pelecanus, Linné.

PÉLICAN ROSE.

PELECANUS ROSEUS, EVERSM.

ROSE PELICAN. — ROSENFARBIGE PELIKAN.

Temm. t. II, p. 891. — Degl. t. II, p. 387. — Naum. t. XI, pl. 282. — Gould, t. V, pl. 405. — Malh. FAUNE DE LA SICILE, p. 224. — V. d. Mühle, ORNITH. GRIECHENL., p. 133, n° 295. — Savi, ORNITH. TOSCANA, t. III, p. 97. — Rüpp. VG. N.-O. AFRIKA's, n° 525. — Onocrotalus phaenix, Less. — Pelecanus onocrotalus, P. orientalis et P. philippensis, Lin.

Le pélican rose habite l'Egypte ainsi que les côtes de la Méditerranée et de l'océan Atlantique jusqu'au cap de Bonne-Espérance. On le trouve aussi sur les lacs et les rivières de l'Asie-Mineure, de la Crimée, de la Hongrie, de la Dalmatie, depuis le Danube jusqu'à la mer Noire et la Grèce. Il est plus rare dans ce dernier pays ainsi que sur les côtes de l'Océan, et très-rare dans l'intérieur de l'Europe. Il se montre acciden- tellement en Suisse, en France, en Italie et en Sicile

Cette espèce vole, nage et plonge avec une grande facilité et plane très-souvent au-dessus de l'eau. Dès qu'elle aperçoit des poissons, elle s'abat sur eux avec impétuosité, frappe l'eau de ses grandes ailes pour étourdir les habitants des ondes, qui ne tardent pas à se trouver hors d'état de fuir dans la vaste poche buccale du pélican. Cette manière de pêcher n'a cependant lieu que quand plusieurs pélicans sont réunis, car les uns se chargent alors de rassembler les poissons dans un étroit espace, tandis que les autres font la pêche. Toute la troupe se porte ensuite sur la terre ferme, pour aller dévorer en repos le fruit de la pêche, rapporté dans la poche placée sous le bec de chaque oiseau.

Les pélicans sont d'un naturel paresseux : ils restent souvent des heures entières à la même place ou s'amusent à lisser leur beau plumage. Dans les lieux peu fréquentés par l'homme, ils se montrent peu craintifs, quoiqu'ils soient généralement assez farouches. On apprivoise très-faci- lement ces oiseaux, et l'on en a même conservés vivants pendant plus de cinquante ans ; on les nourrit souvent en captivité avec de la viande et du pain.

Le pélican rose niche dans les marais, près des embouchures des cours d'eau ou sur des ilots marécageux. Le nid est placé dans une excavation creusée dans la terre sèche ; il consiste en une litière d'herbes sur laquelle se trouvent les deux ou trois œufs de la femelle.

Pélican minime.

A. Dubois del. et sc.

PÉLICAN MINIME.

PELECANUS MINOR, RÜPPELL.

THE LITTLE PELICAN. — KLEINE PELIKAN.

Rüpp. Mus. Senkenberg, ii (1837), p. 186. — Idem., Syst. uebersicht der Vög. N. O. Afrika's, p. 132, pl. 49. — Keys. et Blas. Wirbelt. Eur. p. 234. — Naum. Naturgesch. der Vög. Deutschl., t. xi, p. 132.

Ce pélican habite le nord-ouest de l'Afrique, et il est même assez répandu dans la basse Égypte, où il vit en société avec le *P. crispus*. Il se montre accidentellement sur les côtes de la mer Noire et en Moldavie.

J. Natterer a émis l'opinion que cet oiseau pourrait bien être une forme anormale et raccourcie du *P. onocrotalus*; rien ne paraît cependant justifier la manière de voir de ce savant voyageur, et nous croyons positivement avec Rüppell que c'est bien une espèce distincte. Elle se caractérise par sa taille, qui est beaucoup plus petite que celle de l'*onocrotalus*.

Cet oiseau est d'un naturel apathique, et il reste parfois des heures entières dans une immobilité parfaite; on le voit aussi souvent occupé à lisser son plumage, dont il paraît prendre grand soin.

Sa nourriture consiste essentiellement en poissons vivants qu'il pêche avec dextérité. Après en avoir rempli sa vaste poche buccale, il va les dévorer à son aise dans un endroit convenablement situé à l'ombre.

La nidification est probablement la même que celle de ses congénères, c'est-à-dire de roseaux rabattus et mis en tas, sur lequel se fait la ponte.

Pélican crépu.

PÉLICAN CRÉPU.

PELECANUS CRISPUS, BRUCH.

THE CRISPED PELICAN. — KRAUSKÖPFIGER PELIKAN.

Temm., t. IV, p. 561. — Degl., t. II, p. 589. — Bree, Birds of Eur., t. IV, p. 167. — Gould, t. IV, pl. 406. — Schleg. Rev. p. CXXII. — Bonap. Rev. crit., p. 197, n° 461. — v. d. Müh. Ornith. Griechenl., p. 152, n° 294. — Rüp., Vög. N. O. Afr., n° 527. — Pelecanus orientalis, Lin. — P. onocrotalus, Pall.

On rencontre ce pélican en Égypte, en Dalmatie, au sud de la Hongrie, et quelquefois même sur les côtes de la mer Caspienne; il est assez commun en Grèce.

Cet oiseau ne plonge qu'après avoir pris son élan. Il plane souvent au-dessus des flots pour guetter les poissons; dès qu'il en voit, il s'élance avec impétuosité dans l'eau, qu'il agite à grands coups d'ailes pour étourdir ses victimes; il peu ainsi remplir en très-peu de temps le vaste réservoir qu'il porte sous le bec, pour satisfaire ensuite à son aise sa voracité. Quoique la mer soit son élément favori, il ne peut jamais séjourner longtemps sous l'eau.

Le naturel de cet oiseau est en général paresseux : on le voit souvent durant des heures entières dans une immobilité parfaite, ou occupé à lisser ses plumes. Son vol est léger et lui permet de franchir de grandes distances. Ce pélican est peu farouche dans les pays où il n'a pas à craindre la poursuite des chasseurs; mais dès qu'il ne se voit plus en sûreté, il devient d'une défiance extrême. Il se laisse facilement apprivoiser.

Cet oiseau niche à l'embouchure des fleuves ou sur des îles inhabitées. Le nid se compose d'un tas d'herbes sèches placé à terre dans un léger enfoncement; les deux ou trois œufs que pond la femelle reposent sur des herbes plus fines. Les parents nourrissent leurs jeunes avec de petits poissons.

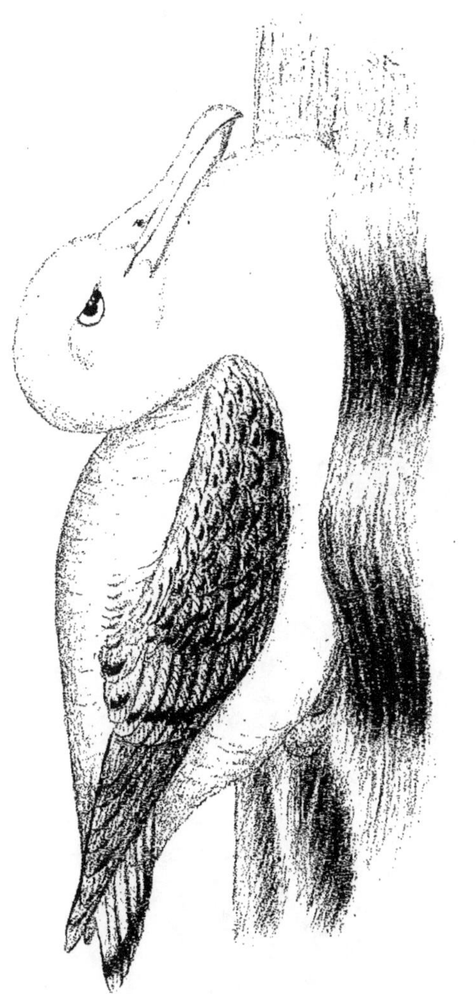

Genre : ALBATROS. — DIOMEDEA, Lin.

ALBATROS NOMADE.

DIOMEDEA EXULANS, LINNÉ.

WANDERING ALBATROS. — WANDERER ALBATROS.

Degl. t. II, p. 356. — Bree, BIRDS OF EUR. NOT OBS. IN THE BRIT. ISLES, t. IV, p. 113. — Briss. t. VI, p. 126. — Cuv. RÈG. AN., t. I. p. 555. — Vieill., GALERIE DES OIS. DU MUS., pl. 295. — Gould, BIRDS OF AUSTR., t. VII, pl 38. — Buff. PL. ENL., 237.

Ce grand palmipède habite principalement les mers tropicales qui baignent les côtes du cap de Bonne-Espérance, de la Nouvelle-Hollande et de l'île de France ; on le trouve également au cap Horn et au Port-Jackson. Les fortes tempêtes le chassent parfois en Europe, où il a été pris en Suède, en Grande Bretagne, en Espagne et en France. Degland parle même d'une capture qui aurait été faite en septembre 1833, près d'Anvers.

Malgré sa forte taille, cet oiseau vole avec légèreté et très-près de la surface de l'eau ; ce n'est que quand le temps se met à l'orage qu'il s'élève à une certaine hauteur au-dessus des flots, mais les plus fortes tempêtes ne semblent nullement l'incommoder. Quand le temps est calme, on le voit nager avec une assez grande vitesse, mais alors ce n'est pas sans efforts et bien des mouvements d'ailes qu'il parvient à s'élever.

M. Marion de Proce vit un jour un grand nombre d'albatros se disputer les restes en décomposition d'un grand cétacé, dont l'odeur infecte s'étendait au loin. Quelques-uns d'entre eux vinrent voler autour du vaisseau d'où M. Marion les observait ; d'autres nageaient avec calme sans s'inquiéter de rien, mais la majorité était occupée à déchirer le cétacé, et ils s'occupaient si peu de la présence du vaisseau, qu'on aurait pu les tuer à coups de bâton.

Les albatros ont une voix forte et retentissante. Leur chair est coriace et a un goût d'huile de poisson très-prononcé.

La nidification se fait à terre, dans un endroit bien sec. Le nid consiste simplement en un trou garni d'un peu d'herbe, dans lequel repose l'unique œuf que pond la femelle. Les œufs d'albatros sont, parait-il, très-bons à manger.

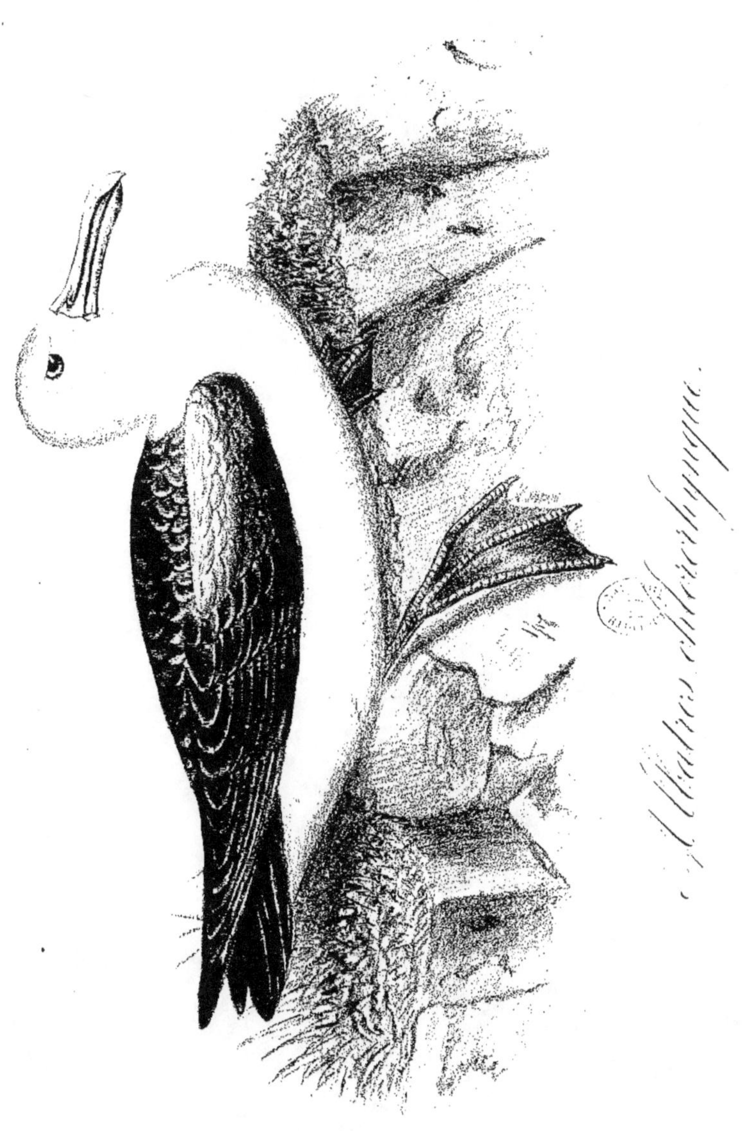
Albatros chlororhynque.

160

ALBATROS CHLORORHYNQUE.

DIOMEDEA CHLORORHYNCHOS, GMÉLIN.

THE YELLOW-NOSED ALBATROS. — GELBNASIGE ALBATROS.

Degl. t. II, p. 358. — Bree, BIRDS OF EUR not obs. in the Brit. isles, t. IV, p. 123. — Temm. et
Laug. PL. COL. 468.— Bonap., REV. CRIT, p. 202, n° 501.— Gould, Birds of Aust. t. VII, pl. 42.

Cet albatros habite les mers qui avoisinent les tropiques, et ne se
montre que rarement sur celles de l'Europe; il se tient généralement
entre le 30ᵉ et le 60ᵉ degrés de latitude de l'hémisphère sud. Un individu
fut tué pendant l'automne de 1847 près de Kongsberg, en Norwége,
et se trouve actuellement dans la collection de M. Esmark, à Christiania.
Degland parle de deux individus pris dans cette localité en avril 1837.

On rencontre souvent cet oiseau en pleine mer, à de très-grandes
distances des côtes, où il vole majestueusement au-dessus des flots avec
la rapidité de l'aigle. Les tempêtes les plus épouvantables ne paraissent
nullement l'incommoder, car on le voit, en ces moments parfois si terribles, se laisser balancer avec le plus grand calme, au gré des flots en
courroux. C'est, du reste, sur la mer que l'oiseau cherche toujours le
repos après un vol long et soutenu, car c'est un nageur de première
force. A terre, il ne peut pour ainsi dire marcher qu'en s'aidant des ailes,
et lorsqu'on veut s'en emparer, il jette des cris retentissants.

Cette espèce construit son nid solitairement; il est, suivant M. Dougal-
Carmichael, de forme cylindrique et composé de boue. L'unique œuf
repose dans une petite fosse.

Puffin yelkouan

PUFFIN YELKOUAN.

PUFFINUS YELKOUAN, BONAP.

THE YELKOUAN SHEARWATER. — YELKOUANISCHER PUFFIN.

Acerbi, BIBLIOTHECA IT. (1827), p. 294. — Nordm., CAT. RAIS. DES OIS. DE LA FAUN. PONT., p. 282. — Bonap., CONSP. AV., t. II, p. 205. — Schl., MUS. DES P. B. (PROCELLARIÆ), p. 29. — Degl. et Gerbe, ORNITH. EUR, t. II, p. 379. — *Procellaria yelkouan*, Acerbi. — *P. Baroli*, Bonel. — *Puffinus anglorum*, Nordm.

Cet oiseau se rapproche excessivement du *P. arcticus (anglorum)*, dont on peut le distinguer par les caractères suivants : les ailes sont plus allongées chez le puffin yelkouan, sa couleur est plus pâle et tirant plus au gris, même sur les plumes latérales du bas ventre; les sous-caudales latérales sont d'un gris foncé uniforme, tandis que, chez le puffin arctique, ces plumes ont leur barbe externe noire et l'interne blanche.

On observe ce puffin dans l'Europe orientale où il habite la mer Noire, le Bosphore et l'archipel Grec; ce n'est qu'accidentellement qu'il se montre sur les côtes de l'Italie et de l'Afrique septentrionale.

Suivant Acerbi, la propagation aurait lieu sur les îles des Princes, en face de Constantinople.

La grande ressemblance de cet oiseau avec le puffin arctique et sa patrie si limitée me portent à croire qu'il n'est qu'une variété climatérique de ce dernier; c'est peut-être pour ces mêmes raisons que Nordmann l'a simplement désigné, dans son *Catalogue raisonné*, sous le nom de *P. anglorum*.

Puffin obscur

PUFFIN OBSCUR.

PUFFINUS OBSCURUS, BOIE (1).

THE DUSKY SHEARWATER. — DUNCKLER PUFFIN.

Gmel., Syst. nat., t. I, p. 559. — Boie, Isis, 1826, p. 980. — Macg., Man. nat. hist. Orn., t. II, p. 13. — Vieill. Gal. des Ois., pl. 301. — Keys. et Bl., Wirbelt. Eur., p. 94. — Bonap., Consp. av., t. II, p. 204 et 205. — Gould, Birds of Eur., pl. 444. — Schl., Mus. P. B. (Procellariæ), p. 50. — Degl. et Gerbe, Ornith. Eur., t. II, p. 380. — *Procellaria obscura*, Gmel. — *Cymotomus obscurus*, Macg. — *Nectris obscura*, Keys et Bl. — *Puffinus nugax Bailloni*, Bonap. — ? *P. australis*, Eyt. — *P. arcticus*, var. *ß*, Newt.

Le puffin obscur se rapproche également beaucoup du *P. arcticus*, car il offre les mêmes teintes et présente les mêmes variations dans la grosseur du bec; mais sa taille est moins forte, ses ailes ne dépassent pas la queue et les sous-caudales sont d'un noir brun uniforme.

Cet oiseau est un habitant des mers tropicales : il vit habituellement dans le golfe de Mexique, sur les côtes de la Floride, de la Virginie et des îles Mascaraignes; ce n'est qu'à la suite de fortes tempêtes qu'il s'égare en Europe. Il a été plusieurs fois observé au nord des Iles Britanniques; Vieillot signale une capture faite sur les côtes de la Picardie, et un autre individu aurait été pris sur les côtes de Hollande.

Les mœurs et la propagation de cette espèce ne diffèrent guère de celles des autres puffins.

(1) Plusieurs auteurs ont compris, dans la synonymie de cet oiseau, le *P. assimilis*, espèce cependant bien distincte, se caractérisant par le blanc de la gorge qui monte sur les freins et la région des oreilles, par les grandes rémiges blanches à la face inférieure de leur barbe interne et par les sous-caudales d'un blanc uniforme.

Puffin cendré

PUFFIN CENDRÉ.

PUFFINUS CINEREUS, CUVIER.

CINERESUS SHEARWATER. — GAUER PUFFIN.

Temm., t. IV, p. 506. — Degl., t. II, p. 362. — Gould, t. V, pl. 445. — Bree, t. IV, p. 109. — Schleg., Rev., p. CXXXII, — Bonap., Rev. crit. de l'Ornith, Eur., n° 508. — Procellaria puffinus, Tem. — P. Cinerea, Gmel. — Nectris cinerea, Keys. et Blas. — Puffinus Kuhlii, Boie.

Cet oiseau est commun sur les côtes nord-ouest de l'Afrique et sur les mers Méditerranée et Adriatique; on le voit parfois sur les côtes de la Provence.

Ces puffins se tiennent par bandes de dix à trente individus, et peuvent généralement être observés au crépuscule et avant le lever du soleil; durant le jour, ils sont presque continuellement cachés dans les trous et les fentes des rochers. C'est pendant les tempêtes qu'ils se montrent le plus gais; on dirait qu'ils semblent alors se plaire à voir les vaisseaux devenir le jouet des flots, et la destinée humaine chanceler au-dessus de l'abîme. Ils bravent sans crainte les efforts des éléments, mêlent leurs cris au bruit de la tempête et volent tantôt haut, tantôt bas, en suivant les ondulations des flots en courroux.

Cette espèce se nourrit principalement de poissons, de vers, de mollusques et de crustacés, qu'elle trouve entraînés par les vagues à la surface de la mer, ou qu'elle saisit en plongeant.

Le puffin cendré niche sur les rochers et ne pond, comme ses congénères, qu'un seul œuf.

Puffinus major.

PUFFIN MAJOR.

PUFFINUS MAJOR, FABER.

GREAT PUFFIN. — GROSSER PUFFIN.

Temm. t. IV, p. 507. — Gould, t. V, pl. 444. — Schleg. REV. p. 152. — Bree, BIRDS OF EUR. NOT
ORS. IN THE BRIT. IS , t IV. p. 112.— Bonap. REV. CRIT. DE L'ORNITH. EUR. p. 203, n° 507.—
Yarr. BRIT. BIRDS, 2e éd., t. III. p. 624. — Eyton, CAT. BRIT. BIRDS. p. 50.—Selby. BRIT. BIRDS,
t. II. p. 528. — Procellaria fuliginosa, Forst. — P. cinerea. Gmel. — Puffinus puffinus, Cuv. —
P. fuliginosus, Strickl.

Ce puffin habite la Terre-Neuve, le Groënland ainsi que les côtes de
l'Islande, de la Norwége, de la Suède, et accidentellement celles de la
Grande-Bretagne.

Cette espèce ne se livre généralement à ses ébats que le matin et au
crépuscule; on ne la voit que rarement dans la journée, car elle se tient
alors cachée dans les trous et les crevasses des rochers. Elle est très-
sociable, aussi ne l'observe-t-on généralement que volant par troupes de
trente à quarante individus réunis. Le puffin major nage beaucoup,
plonge avec une grande dextérité et peut séjourner assez longtemps
sous l'eau.

Bien que cet oiseau habite les mers du nord pendant tout l'hiver, il lui
arrive cependant parfois de s'égarer vers les régions tempérées ou d'y être
chassé par les tempêtes, quoiqu'il lutte parfaitement contre la force des
éléments; on le voit même suivre les ondulations des flots en courroux.

Cet oiseau se nourrit de poissons et de mollusques.

La nidification a lieu dans les trous et les crevasses des rochers, ou
bien dans des excavations que les oiseaux se creusent, latéralement et à
une assez grande profondeur, dans la terre végétale qui recouvre les
rochers. Les galeries creusées à cet effet sont élargies à leur extrémité,
et c'est là que la femelle dépose son unique œuf sur une faible couche
d'herbes sèches.

Les jeunes sont très-gras et sont pour cette raison fort recherchés des
habitants du Nord, qui se gardent bien de troubler les femelles pendant
l'incubation.

Puffin fuligineux.

PUFFIN FULIGINEUX.

PUFFINUS FULIGINOSUS, STRICKL.

THE AMERICAN CINEREOUS SHEARWATER. — RUSSFARBIGER PUFFIN.

Strickl., PROCEED. ZOOL. SOC , 1832, p. 129. — Smith, ILL. ZOOL. S. AFR., AVES, pl. 56, et Gould, BIRDS OF EUR., pl. 445, fig. 2 (sous le nom de *P. Cinereus*). — Keys. et Bl., Wirbelt. Eur. p. 94. — Gould, PROC. ZOOL SOC , t. XII, p. 57. — Temm., MAN. D'ORN., t. IV, p. 508. — Bonap. CONSP. AV., t. II, p 201 et 202. — Degl. et Gerbe, ORNITH. EUR., t. II, p. 381. — *Nectris fuliginosa*, Keys. et Bl. — *N. carneipes* et *gama*, Bonap. — *Puffinus cinereus*, Smith. — *P. carneipes*, Gould.

Cette espèce se caractérise par sa couleur d'un brun enfumé, plus foncé en-dessus qu'en-dessous et nuancé de gris à la gorge et à la face inférieure des ailes ; mais, pendant la saison d'hiver, le plumage est d'un brun noirâtre et les côtés du cou, la gorge et le jabot sont d'un gris plus ardoisé.

Le puffin fuligineux habite l'océan Atlantique boréal, et il est même assez commun dans les environs de Terre-Neuve. On l'a observé plusieurs fois en France sur les côtes de la Normandie, aux environs de Dieppe. Suivant M. Gerbe, cet oiseau se montrerait en Europe le plus fréquemment sur les côtes des Iles Britanniques ; mais ceci me paraît une erreur, car M. G.-R. Gray ne le mentionne pas dans son catologue (*Catalogue of British Birds,* 1863), qui renferme cependant des noms d'espèces dont l'apparition aux Iles Britanniques est bien plus extraordinaire que celle de ce puffin.

Les mœurs et la propagation de cet oiseau sont probablement analogues à celles de ses congénères.

Pétrel du Cap

PÉTREL DU CAP.

PROCELLARIA CAPENSIS, LIN.

THE CAPE PETREL. — CAPISCHE STURMVOGEL.

Linn., Syst. nat., t. I, p. 213. — Briss., Ornith., t. VI, p. 146. – Steph., Gen. zool. (1825).—Bonap., Consp., t. II, p. 188. — Degl., Ornith. Eur., 2ᵉ édit., t. II, p. 372. — *Daption capensis*, Steph. — *Procellaria nœvia*, Briss.

Cet oiseau a pour patrie l'hémisphère austral; il est fort répandu sur les côtes de l'Afrique méridionale et surtout au Cap de Bonne-Espérance. Un individu de cette espèce a été tué en France près d'Hyères, en octobre 1844, par feu M. Besson, naturaliste préparateur. Suivant les indications de M. J. Verreaux, deux autres individus auraient été tués vers 1825 sur les bords de la Seine, près Bercy. D'après ce qu'on vient de voir, la présence de cet oiseau en Europe n'est que toute accidentelle; plusieurs auteurs ont même cru ne pas devoir l'adopter dans notre faune.

Le pétrel du cap vit sur la pleine mer, où on le voit raser la surface des eaux en suivant les ondulations des vagues; ce n'est que bien rarement qu'on l'observe sur la terre ferme. Sa nourriture consiste en poissons, mollusques, etc.

On ne sait encore rien de bien positif sur la nidification; il est probable qu'elle a lieu sur des rochers ou sur des îlots solitaires.

Pétrel hasité

PETREL HASITE.

PROCELLARIA HÆSITATA, KUHL.

THE CAPPED PETREL. — HASIT'S STURMVOGEL.

Kuhl, Beitr. zool., p. 142. — Lawr., Ann. Lyc. N. Y., t IV, p. 475. — Temm., Pl. col., 643. — Bonap., Comptes rend., 1855, p.—Yarr., Brit. Birds, 3ᵉ édit., t. III, p. 643.—Degl., Orn. Eur., 2ᵉ édit., t. II, p. 374.—*Æstrelda diabolica*, L'Herm.—*Fulmarus meridionalis*, Bonap.—*Procellaria l'Herminieri*, Less. — *P. brevirostris*, et *P. meridionalis*, Lawr. — *P. rubritarsi*, Gould.

Ce pétrel habite principalement les mers des Indes, mais les tempêtes le poussent quelquefois jusque sur les côtes méridionales de l'Europe. On cite plusieurs individus de cette espèce qui ont été pris sur les côtes de la France et de l'Angleterre.

Le pétrel hasite est, comme ses congénères, un oiseau essentiellement pélagien. Il se tient constamment à de grandes distances des terres ; il passe même la nuit sur les flots où il se laisse ballotter pendant son sommeil. Il ne se montre jamais plus agile et plus vif que durant les tempêtes, que son vol puissant peut braver impunément. Sa nourriture se compose de poissons, de mollusques et de cétacés morts, dont il se montre très-friand.

Le mode de nidification ainsi que l'œuf de cet oiseau sont encore inconnus.

Pétrel géant.

PÉTREL GÉANT.

PROCELLARIA GIGANTEA, GMEL.

THE GIANT PETREL. — RIESENSTURMVOGEL.

Gm., Lath., Syn., pl. 100. — Banks, Icon. ined., pl. 17.— Reinchenb., Natat., pl. XII, f. 332. — Bonap., Consp., II, p. 186. — Gould, Birds of Austr., VII, pl. 45. — Journ. f. ornith., 1855, p. 58 et 255; 1856, p. 177; 1867, p. 337. — Blas., List B. of Eur., p. 23. — Schl., Mus. P.-B. (procellaria), p. 18. — *Procellaria ossifraga*, Forst. — *Ossifraga gigantea*, Reichenb.

Cet oiseau se distingue facilement des autres espèces par sa grande taille, assez variable il est vrai, mais rappelant en général celle d'une forte oie. Son tube nasal est caréné et très-allongé; son plumage, d'un brun-noir, uniforme dans les adultes, est plus clair dans les jeunes et parfois blanc.

Le Pétrel géant habite toutes les mers de l'hémisphère austral : on le rencontre près des côtes de l'Australie, du Cap de Bonne-Espérance et de l'Amérique méridionale. Suivant M. Blasius, un individu a été pris sur le Rhin, près de Mayence, ce qui fait supposer que cette espèce se montre parfois sur les mers européennes. Son vol rapide lui permet, du reste, de franchir des distances énormes en très-peu de temps.

La nourriture de cet oiseau consiste principalement en poissons. Malgré sa voracité, il est prudent et méfiant, et les appâts n'ont que peu de prise sur lui. Si l'on parvient à le prendre vivant, il lutte avec énergie en donnant des coups de son bec puissant; malheur alors à la main qu'il attrape, car briser un doigt n'est qu'un jeu pour lui.

Son mode de nidification nous est inconnu; il est probable qu'il niche sur les côtes de l'Australie et de la Terre de Van Diémen, car on y rencontre des centaines de ces oiseaux.

Thalassidrome de Wilson.

THALASSIDROME DE WILSON.

THALASSIDROMA WILSONII, BONAPARTE.

WILSON'S PETREL. — WILSON'S SCHWALBENSTURMVOGEL.

Temm., t. IV, p. 512. — Degl., t. II, p. 370.— Gould, BIRDS OF EUR., t. IV, pl. 447. —Wils. AM
ORNITH, t. VII , pl 60, p. 90.— Gould, BIRDS OF AUSTR., t, VII, pl. 65.—Harth., in JOURN. FÜR
ORNITH. 1865, p. 305. — Yarr., BRIT. BIRDS, t. II, p. 639. — PROCELLARIA PELAGICA, Wils. —
P. WILSONII, Bonap. — P. OCEANICA, Forst. — OCEANITES WILSONII, Keys. et Blas.

Cet oiseau habite en Amérique les côtes de Terre-Neuve, du Mexique,
du Chili, du Brésil et des États-Unis; on l'observe également à l'ouest
de l'Afrique et sur les côtes de l'Australie et des îles Açores. Il se montre
accidentellement sur la Méditerranée et sur les côtes de l'Espagne, du
midi de la France et de la Grande-Bretagne.

Les tempêtes, même les plus fortes, ne paraissent faire que peu d'im-
pression sur ce thalassidrome ; il vole avec la plus grande aisance entre
les flots, ou court, en s'aidant des ailes, sur les vagues en suivant leurs
ondulations désordonnées. Quelquefois, cependant, quand il ne sait plus
lutter contre la force de l'élément, il cherche un abri sous le bord d'un
vaisseau ; il arrive aussi parfois, qu'exténué de fatigue, il est jeté par le
vent sur la côte, où l'on peut alors le prendre sans difficulté.

On aperçoit ces oiseaux en nombre dès qu'on approche du continent
américain, où il est facile d'en abattre beaucoup quand le temps est
très-calme.

Ce thalassidrome se nourrit de petits coquillages, d'annélides et même
de graines de quelques plantes marines; il avale quelquefois aussi de
petites pierres pour faciliter la trituration des aliments.

La nidification a lieu sur les rochers de Bahama, en Floride, à l'île
de Cuba, etc. La ponte se fait vers la fin de juin dans une cavité, où
l'unique œuf repose sur quelques brins d'herbe.

Thalassidrome de Bulwer.

THALASSIDROME DE BULWER.

THALASSIDROMA BULWERI, GOULD.

BULWER'S PETREL. — BULWER'S SCHWALBENSTURMVOGEL.

Jard. et Selby, ILLUSTR. OF ORN., pl. 65. — Gould, BIRDS OF EUR., pl. 448. — Schleg., REV. CRIT., p. 154. — Yarr., BRIT. BIRDS, p. 636. — Degl., ORN. EUR., 2ᵉ édit., t. II, p. 388. — *Bulweria columbina*, Bonap. — *Procellaria Bulweri*, Jard. —*P. anginho*, Hein. — *P. columbinus*, Moq.

Cette rare espèce habite les côtes ouest de l'Afrique, les îles Madère, Canaries et Açores; elle se montre accidentellement sur les côtes de l'Angleterre.

Le Thalassidrome de Bulwer a des habitudes nocturnes et plus pélagiennes que celles des autres espèces du genre. Son cri a quelque analogie avec celui du chien. Le docteur Heineken, qui a eu l'occasion d'observer cet oiseau sur les petites îles désertes de Madère et de Porto-Santo, rapporte qu'on fait la chasse aux jeunes encore au nid pour les saler; leur chair est grasse, mais d'un goût médiocre. La découverte des nids est facilitée par l'odeur fétide qui s'échappe des cavités rupestrales qui les recèlent.

La nidification se fait dans les trous des rochers qui bordent les îles Madère et Canaries. La ponte n'est que d'un seul œuf, qui éclot en juillet. A la fin de septembre, les jeunes peuvent suivre leurs parents vers les mers africaines où ils passent la saison froide.

Mouette à capuchon plombé.

165

MOUETTE A CAPUCHON PLOMBÉ.

LARUS PLUMBICEPS, BREHM.

THE LAUGHING GULL. — BLEIGRAUKÖPFIGE MEVE.

Lath., IND. ORN., v. 2, p. 813. — Wils., AM. ORN., t. 9, pl. 74. — Tem., MAN. D'ORN., 2e partie, p. 779, et 4e partie, p. 483. — B. Meyer, ZUSÄTZE Z. TASCHENB. D. DEUTS. VÖGELK., p. 202. — v. d. Müh., ORN. GRIECHENL., p. 141. — Gould, BIRDS OF EUR., pl. 426. — Degl., ORN. EUR., t. II, p. 321. — *Larus ridibundus,* Wils. — *L. atricilla,* Tem. *ex* Lin. — *Atricilla Catesbyi,* Bruch. — *Gavia atricilla,* Macg. — *Xema atricilla,* Boie.

Cette espèce est commune sur les côtes de la Sicile, dans plusieurs îles de la Méditerranée et sur les côtes méridionales de l'Espagne; elle se montre en France, en Angleterre et en Grèce. Elle est, dit-on, très-répandue sur les côtes de l'Amérique septentrionale.

Le comte von der Mühle dit avoir tué en Grèce une mouette qui paraît être un *L. atricilla* dans son premier plumage d'hiver; il émet cependant un doute à cet égard et il croit même que cet oiseau forme une espèce distincte de celle qui habite l'Amérique du Nord et qui porte le même nom. Nous ne pouvons que confirmer la supposition de cet auteur, car nous sommes bien convaincu que Temminck a commis une grave erreur en décrivant, sous le nom de *L. atricilla,* une mouette qui n'a aucun rapport avec l'oiseau du même nom décrit par Linné en 1766 (1). Nous sommes de plus porté à croire que le *L. atricilla* ne se montre jamais en Europe : les auteurs, traitant des oiseaux de notre continent, qui ont décrit ou figuré cette mouette, ont tous eu en vue le *L. plumbiceps.*

Cet oiseau se nourrit de débris de poissons, de crustacés, d'insectes aquatiques et de mollusques, qu'il pêche dans les marais et les lacs, aux bords desquels il paraît assez bien se plaire.

La nidification se fait, d'après Wilson, dans les marais; la ponte est de trois œufs.

(1) Voici la description que Linné donne du *Larus atricilla* :
« *Larus albus, capite nigricante, rostro rubro, pedibus nigris.* » (*Syst. nat.,* 12e édit.) Pour Linné, comme on le voit, la tête et les pattes du *L. atricilla* sont : la première noirâtre et les dernières noires; pour Temminck, au contraire, la tête est *couleur de plomb* et les pieds sont d'un *rouge de lac très-foncé.* Il est donc bien évident qu'il y a confusion.

Mouette Bonaparte

166

MOUETTE BONAPARTE.

LARUS BONAPARTII, RICHARDS. ET SW.

BONAPARTE'S GULL. — BONAPART'S MEVE.

Richards. et Swains., Fauna Bor.-Am., pl. 72, p. 425. — Thomps., An and. Mag of nat. hist.,
p. 192. — Bouap. Geogr. comp. List. of B., p. 62. — Audub. Birds of Amer. pl. 324. —
Degl., Orn. eur., t. II, p. 528. — *Larus philadelphia*, Gray. — *L. capistratus* et *Xema Bona-
partii*, Bonap. — *Chroicocephalus Bonapartei*, Bruch. — *C. philadelphia*, Baird.

Cette belle petite mouette est commune dans toutes les parties de
l'Amérique boréale. Elle se montre accidentellement en Europe : on a
tué un jeune individu en Angleterre, près de Belfast, en février 1848 ;
depuis cette époque, plusieurs autres ont été pris en Angleterre, en
Écosse et en Irlande, et l'on peut définitivement considérer cet oiseau
comme une espèce propre à la Faune européenne.

La Mouette Bonaparte s'associe souvent avec les hirondelles de mer ;
mais on la distingue facilement de loin par son cri plaintif caractéristique.

Cet oiseau a été décrit et figuré pour la première fois en 1831, par
Richardson et Swainson, dans la *Fauna Boreali-Americana*. Il fut
dédié par ces savants au prince Ch. L. Bonaparte. Mais ce zélé naturaliste français crut convenable de déplacer cette espèce, et la mit, sept
années plus tard (1838), dans le genre *Xema* créé par Leach en 1823.

Rien de bien positif n'a encore été donné touchant les mœurs et la
propagation de cette mouette ; elle se nourrit probablement, comme ses
congénères, de vers, de mollusques, d'insectes aquatiques et du frai de
poisson.

Mouette d'Audouin.

MOUETTE D'AUDOUIN.

LARUS AUDOUINI, PEYREAUDEAU.

AUDOUIN'S GULL. — AUDOUIN'S MÖVE.

Temm. t. IV, p. 475. — Degl. t. II, p. 311. — Gould, BIRDS OF EUR. t. IV, pl. 483. — Bree BIRDS OF EUR. NOT OBS. IN TE BRIT. ISLES. t. IV, p. 92. — Schleg. REV., p. 125. — Savi, ORNIT. TOSCANA, t. III, p. 74. — Malh. FAUNE Ornith. de la Sicile, p. 206.— Larus Peyreaudei, Vieill.

Cette espèce habite les côtes de l'Algérie et des autres pays du nord de l'Afrique. En Europe, on la trouve généralement en Corse, en Sardaigne et plus rarement en Sicile. Selon Temminck, elle est commune dans les golfes de Valinco et de Figari, à Porto-Vecchio et à l'entrée des bouches du Bonifacio; elle se montre accidentellement sur le littoral de la France. Lord Lilford dit qu'un beau spécimen a été tué à Corfou, en mai 1857; M. Tristram l'a observée sur les côtes de la Syrie.

La mouette d'Audouin est très-sociable : on la voit constamment en société sur la mer ou sur les rochers. Il lui arrive souvent de se laisser balancer au gré des vagues, d'où elle s'envole ensuite avec une grande facilité.

Cet oiseau est très-vorace; on le voit fréquemment se quereller avec ses compagnons pour la possession d'une proie. Sa nourriture consiste en petits poissons, crustacés et mollusques, tant morts que vivants.

La nidification se fait sur le bord de la mer entre les rochers. Le nid se compose d'herbes marines sèches, sur lesquelles reposent les trois ou quatre œufs de la femelle.

Mouette à bec grêle.

MOUETTE A BEC GRÊLE.

LARUS TENUIROSTRIS, TEMMINCK.

SLENDER-BILLED GULL. — DÜNNSCHNABLIGE MÖVE.

Temm., t. IV, p. 478. — Degl., t. II, p. 318. — Bonap. ICONOGR. DEL FAUNA ITAL., t. I, pl. 45, fig. 1. — Cresp. FAUNA MERID., t. II, p. 126. — Bree, BIRDS OF EUR. NOT OBS. IN THE BRIT. ISLES, t. IV, p. 98. — Bonap. REV. CRIT., p. 201, n° 490. — Malh. FAUNE ORNITH. DE LA SICILE, p. 206. — Larus gelastes, Licht. — L. genei, de Breme. — Xema Lambruschinii, Bonap.

La mouette à bec grêle habite les contrées orientales de l'Europe et de l'Afrique. Elle se montre sur les côtes de l'Algérie, de l'Espagne, de la Sicile, de la Sardaigne et de la Grèce, mais ne visite que rarement la France, et encore ne l'y observe-t-on que vers la fin de l'hiver ou au printemps. On en a vu quelques couples vers l'embouchure du Rhône et, en 1842, on en a pris cinq individus sur les côtes du midi de la France. C'est M. Crespon qui signala le premier la mouette à bec grêle dans cette contrée.

Cette espèce se tient en société et cherche ainsi sa nourriture, composée de petits poissons, de vers, de mollusques et d'insectes.

La nidification se fait également en société : les deux ou trois œufs reposent sur une litière de plantes sèches, laquelle se trouve sur une petite éminence entourée par l'eau de la mer. M. Crespon ne doute pas que cet oiseau ne niche en France, car étant allé à l'endroit où l'on avait tué de ces oiseaux, il découvrit un monticule, portant des œufs, autour duquel volaient plusieurs mouettes de cette espèce.

1/4
Mouette ichthyète.

MOUETTE ICHTHYÈTE.

LARUS ICHTHYAETUS, PALLAS.

FISH GULL. — FISCHMMÖVE.

Temm., t. IV, p. 472. — Degl., t. II, p. 320.— Schleg. Rev., p. cxxviii.—Gould, Birds of Eur., t. V, pl. 435. — Bree, Birds of Eur. not obs. in the Brit. isles, t. IV, p. 106.—V. d. Mühle, Ornith. Griechenl., p. 139, n° 304. — Xema ichthyætum, Bonap.

Cette belle et grande mouette est propre à la mer Caspienne et à la mer Rouge. Elle se montre accidentellement en Hongrie, en Suisse et en Grande-Bretagne. M. le comte von der Mühle en tua deux individus en Grèce, durant le mois de mars; ces oiseaux s'étaient déjà montrés depuis plusieurs jours sur la côte et s'étaient même aventurés jusque sur la plage, mais ce ne fut pas sans peine que M. von der Mühle put les abattre. En examinant le contenu de l'œsophage de l'un d'eux, il y trouva un os de la jambe d'un mouton que l'oiseau n'avait pu avaler; cet os paraissait provenir d'un mouton qui était à l'état de charogne.

D'après M. le docteur Leith-Adams, cette mouette est commune au delta de l'Indus, dans le golfe du Bengale et sur les côtes de l'océan Indien.

Cet oiseau vole avec légèreté, on pourrait presque dire qu'il plane plutôt qu'il ne vole. Son cri est un croassement qui a quelque analogie avec celui du corbeau.

La nidification a lieu sur le bord de la mer ou dans les dunes. La ponte est de deux ou trois œufs.

Mouette mélanocéphale.

MOUETTE MÉLANOCÉPHALE.

LARUS MELANOCEPHALUS, NATT.

BLACK-HEADED GULL. — SCHWARZKÖPFIGE MÖVE.

Temm., t. II, p. 777 et t. IV, p. 480. — Degl., t. II. p. 324. — Naum., t. X, pl. 259. — Gould, t. V, pl. 427. — Bree, t. IV, p. 102. — Savi, Ornith. Tosc., t. III, p 63. — Malh., Ornith. de la Sicile, p. 207. — v. d. Mühl., Ornith. Griechenl., n° 305. — Xema melanocephalum, Boie.

La mouette mélanocéphale habite les côtes de la mer Méditerranée et de la mer Adriatique ; on la voit aussi sur les côtes de la Turquie, de la Grèce, de la Dalmatie et dans les lagunes de la Vénétie. Lors des tempêtes, on l'a observée dans les environs de Trieste ; pendant l'hiver, on la voit fréquemment sur les côtes du golfe de Gênes, de la Toscane et de la Sicile ; ce n'est que très-rarement qu'elle s'aventure sur les côtes du midi de la France et accidentellement sur celles de l'Allemagne. Elle habite également l'Algérie.

Bien que cette espèce soit marine et qu'elle se tienne durant l'automne et l'hiver sur les côtes, elle s'aventure cependant en été assez loin dans les terres pour rechercher les eaux bourbeuses et les marais. Sa marche et son vol lui donnent quelque analogie avec la mouette rieuse.

La mouette mélanocéphale est très-sociable, aussi la voit-on généralement en troupes plus ou moins nombreuses, faisant retentir l'air de clameurs ; son naturel farouche en rend l'approche difficile.

La nourriture de cet oiseau se compose d'insectes aquatiques, de larves, de mollusques et de petits poissons qu'il pêche souvent à la nage ; il aime aussi les débris de poissons que les pêcheurs jettent à la mer.

La nidification se fait en société, sur les rives des cours d'eau ou près des marais, mais toujours à peu de distance de la mer. Le nid se trouve placé à terre entre des roseaux ; il est formé d'un tas de paille et d'herbes marines. La ponte est de trois ou quatre œufs.

Mouette à iris blanc

MOUETTE A IRIS BLANC.

LARUS LEUCOPHTHALMUS, LICHTENSTEIN.

WHITE-EYED GULL. — WEISSÄUGIGE MÖVE.

Temm. t. IV, p. 486. — Degl., t. II, p. 322. — Bree, Birds of Eur. not obs. in the Brit. isles, t. IV, p. 95. — Schleg. Rev. crit., p. 126. — v. d. Mühle, Ornith. Griechenl., p. 145, n° 313. — Malh., Faune ornith. de la Sicile, p. 209. — Xema leucophthalmum, Bonap.

Cette espèce habite les côtes de la Méditerranée et de la mer Rouge ; elle vient régulièrement chaque année au printemps, par bandes plus ou moins nombreuses, sur les côtes de la Grèce. M. le comte von der Mühle fait observer que chaque troupe de mouettes à iris blanc qui arrive dans ce pays, n'y séjourne que huit à quinze jours : ces oiseaux quittent probablement alors la Grèce, pour chercher ailleurs un endroit convenable à la nidification. Selon M. le docteur Hueglin, cet oiseau serait très-rare vers le nord du tropique, mais assez commun vers le sud. M. le baron Warthausen dit que pendant que M. Hueglin explorait l'île de Périm, lui-même trouva une assez grande étendue rocheuse de l'île, exclusivement occupée par le *L. leucophthalmus*, qui avait choisi cet endroit pour nicher.

La nourriture de cette mouette consiste en petits poissons, tant morts que vivants, en mollusques, en vers et en insectes. Pendant que ces oiseaux se livrent à la pêche, il leur arrive souvent de se quereller et d'arriver, sans le vouloir, dans le voisinage des habitations. Ils sont d'ailleurs peu farouches et la chasse en est assez facile.

La nidification de cette mouette a lieu en société et sur la terre non loin de l'eau. La femelle dépose, dans un endroit un peu élevé, deux ou trois œufs, sur une faible litière de tiges végétales, de feuilles mortes et de foin.

Mouette rose,

1 Plumage d'été, 2 d'hiver

MOUETTE ROSE.

LARUS ROSEUS, JARDINE ET SELBY.

ROSE GULL. — ROSENFARBIGE MÖVE.

Degl , t. II, p. 332. — Naum., t. XIII, p. 388. — Schleg. Rev., p. cxxviii. — Keys. et Blas. Wirbelt. Eur., p. xcv.— Bonap., Rev. crit., p. 201, n° 495. — Larus Rossii, Richards. — Rhodostethia rosea et Rossia rosea, Bonap.

Cette belle mouette se rencontre sur les côtes des îles de l'océan Glacial arctique, faisant partie du territoire américain, ainsi que sur celles de l'ouest de l'Asie. Le lieutenant Forster l'observa dans les bras formés par le Waygats, où elle paraît faire sa ponte. Dans son voyage au pôle nord, Parry en prit deux exemplaires sur les côtes de la péninsule de Melville, à une latitude de 69 1/4 degrés O.-N.-O. Lors des diverses expéditions scientifiques entreprises dans le but de retrouver Franklin, on a souvent observé cet oiseau, mais jamais dans une région plus septentrionale que celle que nous venons d'indiquer.

La mouette rose se montre accidentellement sur la mer Caspienne. M. H. Gätke en tua un exemplaire, le 5 février 1858, à l'île Helgoland.

Tout ce qui concerne les mœurs et la propagation de cet oiseau est encore inconnu.

Hirondelle de mer fuligineuse.

HIRONDELLE DE MER FULIGINEUSE.

STERNA FULIGINOSA, GMELIN.

SOOTY TERN. — RUSSBRAUNE SEESCHWALBE.

Wils., Am. Ornith., t. VIII, pl. 72, p. 145. — Naum., Vög. Deutschl , t. XIII, p. 450. — Cab. Journ. für Ornith., 1857, p. 233. — Haliplana fuliginosa, Cab. — Hydrochelidon fuliginosum, Bonap.

Cette hirondelle de mer est connue depuis longtemps des navigateurs, auxquels elle annonce le voisinage de la terre. Elle habite la plupart des mers tropicales et subtropicales, mais elle est rare en Europe. M. le docteur Thienemann en vit une couple voler à côté du vaisseau lors de son voyage à Helgoland en 1843 ; en 1854, on en prit plusieurs individus vivants sur les côtes de Magdebourg et de France. Cette espèce a été vue aux environs de Dampierre, en Nouvelle-Hollande ; elle se trouve en nombre prodigieux sur les côtes des îles de l'Ascension et de Noël. On la voit aussi en grand nombre, pendant le mois de juin, sur les côtes de Cuba, de la Floride et de la Géorgie.

Cet oiseau vole généralement en société, en rasant avec rapidité l'océan en tout sens, afin de saisir les poissons qui se montrent à sa surface ; d'autres fois, il plane à une certaine hauteur pour s'abattre sur l'eau à l'apparition d'une proie.

Il est peu farouche : il n'est même pas rare qu'il vienne se percher dans la mâture des vaisseaux, où les marins n'ont pas de peine à le prendre.

La ponte se fait en juin. La femelle dépose un ou deux œufs, soit sur un rocher exposé au soleil, dont les rayons sont alors en grande partie chargés de l'incubation, soit entre des broussailles. Dans ce dernier cas, on peut facilement la prendre avec la main, car ses grandes ailes s'accrochent à tout instant dans les broussailles et l'embarrassent beaucoup dans la fuite.

On n'a jamais trouvé d'œufs de cette hirondelle de mer en Europe ; tous ceux qui se trouvent dans les collections proviennent de pays étrangers, particulièrement de Cuba et de l'Australie.

Hirondelle de mer Flavirostre

HIRONDELLE DE MER FLAVIROSTRE.

STERNA FLAVIROSTRIS, DUBOIS.

YELLOW-BILLED STERN. — GELBSCHNÄBLICHE MEERSCHWALBE.

Temm , t. IV. p. 454. — Degl., t. II p. 342.— Bree, Birds of Eur. not obs in the Brit. isles,
t. IV, p. 87. — Horsf. Lis., Trans., vol. XIII, p. 199. — Rüp. Vög. N. O. Afr., n° 518. —
Sterna affinis, Rüp. — S. Media, Horsf. — S. Arabica, Ehrenb.

Cette hirondelle de mer est beaucoup plus répandue en Asie et
en Afrique qu'en Europe. Sur ce dernier continent elle habite l'Archipel
grec, le Bosphore, les rives du Danube et la mer Caspienne. On la
trouve également en Syrie, sur les côtes de la mer Rouge, mais surtout
sur celles du Sud, en Nouvelle-Guinée, aux îles Célèbes et au Java.

Les mœurs de cette espèce diffèrent peu de celles des autres oiseaux
du même genre. Elle est très-sociable et vit presque constamment sur
la mer ; elle fréquente parfois les plages sablonneuses et les bancs de
sable, et remonte même les grands fleuves jusque bien avant dans les
terres. La chasse en est très-difficile, parce que cet oiseau est d'une
méfiance extrême et qu'il fuit au moindre danger.

Cette hirondelle de mer se nourrit, comme ses congénères, de petits
poissons, d'annélides, de crustacés, de vers et d'insectes aquatiques.

La nidification a lieu soit en société, soit solitairement. On a trouvé,
vers la fin de juillet et au commencement d'août, des nids appartenant a
cette espèce, non loin d'Amarat et sur l'île de Lobo (Archipel de Duhalek).
Ces nids étaient construits sur des récifs de corail, dans des cavités de
trois pouces de diamètre, ou reposaient simplement sur des cailloux ou
des morceaux de calcaire. Un peu d'herbe suffit à la femelle pour qu'elle
puisse déposer ses deux œufs.

Hirondelle de mer de Berge

HIRONDELLE DE MER DE BERGE.

STERNA BERGII, LICHT.

THE BERGE'S TERN. — BERGESCHE MEERSCHWALBE.

Licht., Doubl. zool. Mus., p. 80. — Rüpp. Atl. zu Reise N. Afr., p. 21, pl. 13. — Less., Traité d'orn., p. 623. — Gray. Cat. of Brit. Birds, p. 238. — Degl., Orn. Eur., 2e édit., II, p. 455. — *Pelecanopus velox* et *P. Bergii*, Bonap. — *Sterna velox*, Rüpp. — *S. longirostris*, Less.

Cette espèce est extrêmement voisine du *S. pelecanoides*; mais sa taille est un peu plus forte et les parties supérieures sont d'un gris un peu plus foncé et tirant sensiblement au brunâtre. Elle a pour patrie les côtes de l'Afrique orientale et méridionale, où elle paraît remplacer le *S. pelecanoides*; elle est surtout abondante sur les côtes de la mer Rouge. On l'a observée en Europe sur quelques îles de la Méditerranée ; M. Gray indique également une capture faite près de Dublin.

L'hirondelle de mer de Berge se tient constamment sur la pleine mer et ne se montre que rarement sur les côtes. Suivant les voyageurs qui ont eu l'occasion de l'observer, son vol est excessivement rapide et il est très-difficile de l'abattre.

On ne sait encore rien sur le mode de propagation de cette espèce.

Hirondelle de mer stupide.

HIRONDELLE DE MER STUPIDE.

STERNA STOLIDA, LINNÉ.

NODDY TERN. — DUMME SEESCHWALBE.

Temm. t. IV, p. 461. — Degl. t. II, p. 335. — Gould, t. IV, pl. 421. — Yarr., BRIT. BIRDS, t. III, p. 531. — v. Kittlitz, kupf. pl. 36, fig. 2. — Anoüs niger, Steph. — A. stolidus, Gray. — Megalopterus stolidus, Keys. et Blas.

Cette hirondelle de mer est commune dans tout l'archipel de la Caroline et sur les côtes des contrées tropicales jusqu'à la mer du Sud ; on la trouve aussi sur les îles de la mer Pacifique et même sur l'île Ste-Hélène. Elle ne se montre qu'accidentellement sur les côtes de la Grande-Bretagne.

Cette espèce est peu farouche ; comme elle se défie peu de l'homme, il est facile de l'attraper ; elle s'abat parfois sur les vaisseaux, où elle va se blottir dans la mâture. Il arrive souvent qu'un très-grand nombre de ces oiseaux envahissent un vaisseau ou volent autour de lui ; mais il suffit d'un coup de canon ou même d'un coup de fusil, pour faire lever toute la bande. La pêche se fait en nombreuse société: on les voit souvent planer au-dessus des flots, pour saisir les poissons qui se montrent à la surface ; ou bien ils s'abattent par troupes, comme à un signal donné, sur un banc de poisson, en faisant retentir l'air de leurs clameurs. La pêche semble, du reste, être leur plus agréable passe-temps, car ces hirondelles de mer s'y livrent pour ainsi dire en jouant et en se poursuivant les unes les autres. Quand elles sont à terre, elles vont parfois se percher sur les arbres.

La nidification se fait sur les rochers ; les nids se trouvent toujours en quantité et très-près les uns des autres ; la grande sociabilité de ces oiseaux, pendant l'incubation, peut déjà se voir à l'île Ste-Hélène, quoique là ils ne se réunissent jamais en nombre aussi considérable que sur les côtes des pays tropicaux. Il est très-facile de s'emparer des femelles pendant qu'elles couvent, car elles ne cherchent presque pas à fuir : on peut souvent les tuer à coups de bâton.

Guillemot de Brunnich.

1. Plumage d'été. 2. d'hiver.

GUILLEMOT DE BRUNNICH.

URIA BRUNNICHII, TEMMINCK.

BRUNNICH'S GUILLEMOT. — BRÜNNICH'S-LUMME.

Temm. t. II, p. 924. — Gould. t. V, pl. 598. — Naum. t. XII, pl. 353. — Degl., t. II, p. 515 —
Thienem. pl. XXVIII, fig. 1. — Fab. ISLAND. ORNITH., p. 41. — Holb., FAUNA GROENL., pl. 81
— Cepphus arra, Pall. — Alca lomvia, Lin. — Uria arra, Pall. — U. troille, Brünn. —
U. francii, Leach. — U. lacrymans, Valenc. — U. pica, Fab. — U. polaris, Brehm.

Ce guillemot habite toute la zone polaire arctique et va même, en été,
jusqu'au 80e degré de latitude. En Europe, il se montre dans les îles
Féroé et en Islande; il descend rarement plus bas que le 63e degré.
C'est pour ainsi dire la seule espèce de guillemot qui se trouve au Groënland ; on le rencontre surtout en grande quantité vers le partie sud de
ce pays, ainsi que sur les côtes de la mer de Baffin, du détroit de Davis,
de la baie d'Hudson, du Labrador et des îles avoisinantes. En hiver, les
guillemots de Brunnich longent les côtes jusqu'aux États-Unis. Ils se
trouvent aussi dans le nord de l'Asie, dans la Nouvelle Zemble et au
Spitzberg, plus rarement sur les côtes du nord de l'Allemagne et de la
Grande-Bretagne, où l'on ne voit, le plus souvent, que des individus épars, tandis que dans le Nord, ils volent en tout sens sur la
mer par troupes innombrables, quoiqu'elle soit entrecoupée de rochers
ou de glaçons flottants.

Ces oiseaux ont souvent à souffrir des tempêtes, et lorsqu'ils cherchent un refuge sur les glaçons pour se reposer ou pour se garantir
contre l'impétuosité du temps, ils y restent quelquefois attachés par
les pieds et y périssent de faim ou deviennent la proie d'animaux carnassiers. Si l'ouragan les jette un peu trop avant dans les terres, ils
sont comme perdus et l'on peut alors les prendre sans qu'ils cherchent
à fuir.

La nourriture de cette espèce consiste en poissons, crabes et autres
petits crustacés, qu'elle pêche ordinairement en plongeant. Elle nage
avec dextérité en suivant les ondulations des vagues.

Le guillemot de Brünnich ne construit pas de nid. Les femelles, quelquefois en compagnie d'autres espèces du même genre, déposent vers la
mi-juin leur unique œuf sur la terre nue des gradins des rochers, à peu
d'intervalle les uns des autres, formant ainsi une longue file; cela s'observe particulièrement au Groënland et en Islande.

Macareux à croissants

MACAREUX A CROISSANTS.

FRATERCULA CORNICULATA, BRANDT.

THE NORTHERN PUFFIN. — NORDISCHER LARVENTAUCHER.

Naum., Isis, 1821, p. 782. — Kittl., Kupf., pl. 1, fig. 1. — Brandt, BULL. ACAD. IMP. DES SC. DE
St-Pétersb., 1837, t. II, p. 340. — Gould, Birds of Eur., pl. 404. — Temm., Man. d'Orn.,
t. IV, p. 579. — Schl., Mus. P. B. (Uranatores), p. 28. — Degl. et Gerbe, Orn. Eur., t. II,
p. 610. — *Mormon corniculata*, Naum. — *M. corniculatum*, Kittl. — *M. glacialis*, Audub. —
Lunda arctica, Pall. — *L. corniculata*, Schl.

Cette espèce est assez voisine du *F. arctica*, dont elle se distingue
par son bec, presque unicolore, plus élevé et en même temps plus court
que celui de son congénère, ensuite par son collier noir qui remonte
en pointe jusqu'à la base de la mandibule inférieure.

Le macareux à croissants vit par troupes nombreuses sur les mers
du pôle arctique, où il est surtout commun au Spitzberg, à la Nouvelle-
Zemble, au Groënland, au Kamtschatka et à Terre-Neuve ; on le voit
également sur les côtes septentrionales de la Suède, de la Norwége, de
la Laponie, de la Russie, de la Sibérie et de la Nouvelle-Bretagne.

Cet oiseau est très-farouche quand il est seul, mais lorsqu'il est en
compagnie d'un grand nombre de ses semblables, il paraît braver le
danger ; il suffit cependant d'un coup de fusil pour que toute la troupe
se jette à la mer et se cache sous les flots. En cas de nécessité, il
cherche à se défendre en mordant son ennemi avec fureur. Sa nourriture consiste en crustacés et petits poissons.

Ce macareux niche dans des trous de rochers, où la femelle dépose
deux œufs d'un blanc pur, sans préparer la moindre litière.

Starique psittacule.

STARIQUE PSITTACULE.

PHALARIS PSITTACULA, STEPH.

THE SEA-PARROT. — SEEPAPAGEI.

Pall., Spicil. Zool., fasc. V, p. 15, pl. 2. — Eschsh., Zool. atl., pl. 17. — Gray. Gen. of B., III, p. 638. — Schl., Mus. P.-B. (urinatores), p. 24. — Jägaref. nya tidskr., 1867, p. 108. — Rev. et mag. de Zool., 1868, p. 95. — The Ibis, 1869, p. 221. — *Alca psittacula* et *Lunda psittacula*, Pall. — *Ombria psittacula*, Eschsh. — *Simorhynchus psittaculus*, Schl.

Le Starique psittacule se caractérise surtout par la singulière conformation de son bec, qui est haut, très-comprimé et à mandibule inférieure fortement courbée vers le haut.

Cet oiseau habite l'Amérique boréale; il est répandu au Kamtchatka et sur les côtes des îles Kouriles et Aléoutiennes. M. L. Olph-Gaillard a annoncé en 1868, dans la *Revue et magasin de zoologie*, l'apparition de ce Starique en Suède, d'après une note publiée dans le « *Jägareförbundets nya tidskrift.* » Mais comme l'auteur de cette notice n'avait pas jugé à propos de se faire connaître autrement que par les initiales F. W., on ne s'est pas empressé d'accueillir cette nouvelle. M. A. Newton, afin d'obténir quelques éclaircissements sur cette apparition extraordinaire, s'adressa au professeur Sundevall, qui confirma en tous points le fait annoncé. L'oiseau a été pris vivant à Jönköping (Suède) vers le milieu de décembre 1860, tout près du lac Vettern; il se trouve actuellement dans la collection de M. Sandblad, à Tenhult. Cet oiseau fut déterminé par M. F. Wahlgren, professeur à l'université de Lund, qui publia la notice mentionnée plus haut.

Ce Starique est d'un naturel tellement indolent et paresseux qu'on peut le prendre avec la plus grande facilité. Il se tient constamment sur la mer, mais il passe la nuit sur des rochers ou sur la côte dont il ne s'éloigne que rarement. Sa nourriture consiste en crustacés et mollusques.

La figure de la planche ci-contre est faite d'après un individu du Musée de Bruxelles, provenant du Kamtchatka.

Plaute brachiptère.

PLAUTE BRACHIPTÈRE.

PLAUTUS IMPENNIS, BRUNNICH.

BRACHIPTERE AUK. — KURZFLÜGELIGE ALK.

Temm., t. II, p. 929.— Degl., t. II, p. 528.— Gould, Birds of Eur., t. V, pl. 400.— Naum., Vög. Deutschl., t. XII, p. 506, pl. 357. — Yarr. Brit. Birds, t. III, p. 476. — Alca impennis, Lin. — A. major, Briss. — Penguinus impennis, Bonap. — Chenalopex impennis, Mohring. — Malæoptera impennis, Glog.

Cet oiseau nichait anciennement, en quantités énormes, sur certaines îles de l'océan Glacial arctique. Mais comme ses ailes ne lui permettaient pas de voler et que sa marche était des plus difficile, il finit par être complétement anéanti dans le nord de l'Europe. Presque chaque vaisseau qui longeait les îles habitées par ces malheureux palmipèdes, y envoyait des hommes pour leur faire la chasse, car leur chair était grasse, agréable au goût et se mangeait soit fraîche, soit salée et conservée dans des tonnes. On conçoit aisément qu'une pareille guerre, livrée à des oiseaux sans défense et presque incapables de fuir, devait nécessairement en détruire l'espèce.

C'est dans l'Amérique du Nord que le plaute s'est montré en dernier lieu; mais, malgré toutes les recherches faites pendant ces dernières années, il a été impossible d'en retrouver un seul individu. La race est complétement éteinte ou n'est pas loin de l'être. Cette espèce devrait, peut-être, plutôt prendre place dans la faune palæontologique que dans une ornithologie européenne. Mais, comme cet oiseau existait en Europe, il n'y a pas encore bien longtemps, nous avons cru convenable d'en donner une figure, qui sera certes consultée avec plaisir par tout ornithologiste.

Les derniers individus pris en Europe sont de dates encore assez récentes. M. Benicken reçut le dernier du Groenland en 1821; on en tua un en 1829 près de Saint-Kilda et environ vingt sur l'île de Grimsey; en 1804 on en prit un près de la Grande-Bretagne; en 1830, un individu de cette espèce paraît s'être montré sur les côtes de la Normandie; en 1814 on en abattit sept à coups de bâton sur l'île d'Islande; en juin 1834 on trouva cinq nids, contenant chacun deux œufs, sur l'île Eldey et neuf oiseaux furent tués; enfin, en 1843 les deux derniers individus furent tués sur les rochers Karl, où l'on trouva également deux œufs. Peu de musées sont en possession de ce rare oiseau; celui de Bruxelles peut s'estimer heureux d'en posséder un magnifique exemplaire (1).

---

(1) Je dois à M. de Meezemaker père, de Bergues lez-Dunkerque, l'avantage de pouvoir figurer les œufs de cet oiseau. Cet ardent ovologiste a bien voulu me donner les photographies des deux œufs qu'il a le bonheur de posséder, et pour lesquels de fortes sommes lui ont déjà été offertes. — Je prie M. de Meezemaker de bien vouloir agréer mes sincères remerciments.

Harle couronné.

Harle couronné,
Femelle.

177

HARLE COURONNÉ.

MERGUS CUCULLATUS, linné.

HOODET MERGANSER. — KRONEN SÄGER.

Temm., t. IV, p. 557. — Degl., t. II, p. 482. — Gould, Birds of Eur., t. V, pl. 386. — Schleg. Rev. p. CXXI. — Wils., Am. Ornith., t. VIII, p. 79, pl. 63. — Richards. et Swains., Fauna Bor. Am., p. 463. — Eyton. Hist. R. Brit. Birds, p. 75. — Yarr., Brit. Birds, t. II, éd. 3, p. 383. — Merganser cucullatus, Steph.

Le harle couronné se tient, durant l'été, au Labrador et dans la baie d'Hudson, mais il émigre, en automne, vers des climats plus chauds, comme la Caroline et la Virginie. Pendant ces migrations, il arrive parfois que quelques individus s'égarent en Europe ; ce fut ainsi qu'on en prit en Grande-Bretagne près de Yarmouth et de Norfolk. On en tua également un exemplaire en France.

Cette espèce émigre par bandes plus ou moins nombreuses et passe l'hiver dans le voisinage des eaux douces. Elle est très-craintive, et plonge avec une telle dextérité, qu'elle évite souvent le plomb du chasseur, même lorsque le coup est parti. Après l'époque de la couvaison, ces harles se réunissent en petites troupes, et il n'est pas rare de les voir alors fendre l'air avec rapidité.

Ce palmipède se nourrit principalement de poissons, de grenouilles et d'insectes aquatiques.

La ponte se fait au printemps. Vers la fin de mai, ces harles réapparaissent au Labrador et dans les pays limitrophes, où la nidification ne tarde pas à se faire. Le nid se compose d'un tas d'herbe sèche recouvert de plumes, placé dans une excavation près de la mer. La ponte est de quatre à cinq œufs. La femelle prend grand soin de l'éducation de ses petits : elle les tient rassemblés autour d'elle, et dès qu'ils s'éloignent trop, elle fait entendre un cri strident pour les rappeler.

Canard siffleur

CANARD ÉCLATANT.

ANAS RUTILA, PALL.

THE RUDDY SHIELDRAKE. — ROTHE ENTE.

Pall., Nov. comm. Petrop., XIX, p. 579. — Boie, Isis (1822), p. 563. — Breh., Vög. Deuts.. p. 859. — Temm., Man. d'orn., II, p. 852. — Gould, Birds of Eur., pl. 358. — Degl., Orn. Eur., II, p. 420. — Tadorna rutila, Boie. — T. casarca, Macg. — Casarca rutila, Bonap. — Vulpanser rutila, Keys. et Bl. — Anser casarca, Vieill. — Anas casarca, Lin.

Ce canard habite les Indes et la Perse ; il est de passage au Sud de la Russie, en Grèce, en Hongrie et en Allemagne ; il fait des apparitions accidentelles en Grande-Bretagne.

Cet oiseau vit par couple et il recherche plutôt les eaux douces que les eaux de la mer ; il se tient de préférence sur les lacs et les rivières.

Ses mœurs ont en général de grandes analogies avec celles de l'*Anas tadorna,* et, de même que celui-ci, il s'apprivoise facilement.

La nourriture de cette espèce consiste en plantes aquatiques, graines, insectes et frai de poisson.

La nidification se fait dans des fentes de rochers, dans des trous creusés dans la terre ou bien encore dans le creux d'un arbre à proximité du sol. La ponte est de huit à neuf œufs d'un blanc pur.

Canard musqué

1. Mâle 2. femelle

CANARD MUSQUÉ.

ANAS MOSCHATA, linné.

MUSCOVY DUCK. — BISAM ENTE.

Degl., *t.* II, p. 421. — Keys. et Blas., Wirbelt. Eur., n° 402. — Eyton, Cat. Brit. Birds, p. 65. — Bew., Brit. Birds, t. II, p. 320. — Bonap., Rev. crit., p. 191, n° 437. — Max Prinz zu Wied, t. IV, p. 910. — Anas sylvestris, Marcgr. — A. bicolor, Don. — Cairina sylvestris, Step. — C. moschata, Flem.

Ce canard habite la majeure partie de l'Amérique du sud, tout le Brésil et le Paraguay ; selon Pallas, il est venu se naturaliser dans le midi de la Russie, non loin de la mer Caspienne. On le rencontre plus rarement sur les lacs des steppes avoisinant le bassin sud du Volga. M. Degland dit qu'il se montre parfois en France sur les côtes de l'Océan, dans le département de la Charente-Inférieure. D'après le même auteur, un magnifique mâle et une femelle adultes ont été tués, à quelques jours d'intervalle, en 1842, à Brouage. Il paraît même que la présence de cette espèce n'est pas très-rare dans les environs de La Rochelle.

En Amérique, on ne rencontre cet oiseau que sur les grands lacs et les fleuves entourés de forêts vierges. Il vit en famille, parfois même en nombreuse société, et il n'est pas rare de les voir voler par troupes au-dessus des grands marais et des fleuves solitaires, ou traverser les forêts en tout sens, en s'abattant parfois sur les arbres pour s'y reposer. Dans leur vol, excessivement rapide, ils produisent un sifflement en fendant les airs ; il est très-difficile de les abattre.

La nourriture de cette espèce consiste en mollusques, vers, insectes, plantes aquatiques et diverses graines.

Le nid est placé sur un arbre élevé, contrairement à ce qu'on voit chez la généralité des canards. Il se compose de plantes aquatiques sèches et de feuilles ; les douze à dix-huit œufs que pond la femelle reposent sur une litière de plumes.

Canard fiancé.

1. Mâle, 2, femelle.

CANARD FIANCÉ.

ANAS SPONSA, Linné.

BRIDE DUCK. — BRAUT ENTE.

Degl., t. II, p. 410. — Temm , t. IV, p. 537. — Keys. et Blas , p. LXXXIV. — Briss.,
Ornith , t. VI, p. 351. — Richards. et Swains., Fauna Bor. Am., p. 446. — Wils.,
Am. Ornith., t. VIII, pl. 97 — Lampronessa sponsa, Wagl. — Dendronessa sponsa,
Swains. — Aix sponsa, Boie.

Ce canard est très-commun dans les États-Unis, depuis la Floride
jusqu'au lac Ontario, dans le voisinage duquel Wilson dit l'avoir trouvé
jusqu'en octobre ; pendant l'hiver on le voit quelquefois dans les États du
sud du Potomac et en Virginie. On le trouve aussi au Mexique et dans
les Indes occidentales. En Europe, on l'observe accidentellement en
Grande-Bretagne, où il fut pris, selon M. Yarrell, dans le Dorking et le
Surrey. D'après M. Degland, un beau mâle aurait été tué dans les marais
d'Obigies, à cinq kilomètres de Tournay.

Comme cette espèce se trouve fréquemment dans les jardins zoologiques, plusieurs naturalistes supposent que les individus pris en Europe,
se sont échappés de pareils jardins. Il n'y a cependant rien de si étonnant
à ce que l'*A. sponsa* se montre en Europe, puisqu'elle n'est pas la seule
espèce de l'Amérique du nord qui vienne sur notre continent ; d'ailleurs
les individus qu'on y a pris ne présentaient aucun caractère de domesticité.

Le canard fiancé se tient dans les bois et les taillis voisins des rivières,
où il se repose souvent sur les arbres ; mais il ne visite que rarement les
bords de la mer ou des marais salants ; son habitation favorite se trouve
le long des criques solitaires. Il voyage généralement seul ou accompagné de sa femelle ; il est rare d'en voir plus de trois où quatre réunis.
Sa nourriture se compose de glands, de semences et d'insectes.

En Pensylvanie, la femelle fait sa ponte vers la fin d'avril ou au commencement de mai. Le nid est construit à l'aide de quelques buchettes
déposées sur une branche fourchue penchée au-dessus de l'eau ou plus
communément dans le creux d'un arbre. Wilson dit avoir vu un nid de
cette espèce, qui contenait treize œufs, sur un banc de la rivière de
Tuckahoe, dans la Nouvelle Jersey.

Canard patagère

CANARD FALCIFÈRE.

ANAS FALCATA, PALLAS.

SICKLEWINGED DUCK. — SICHELFLÜGELIGE ENTE.

Pall. t. III, p. 701. — Brandt, Icones av. ross., pl. 3. — Middend. Sibir. Reise, t. II, p. 231. — v. Schr. VG. des Amur-Landes, t. I, part. 2, p. 476. — Maum. t. XIII, pl. 389. — Bree, Birds of Eur. not obs. in the Brit. isles, t. IV, p. 150. — Bonap., Rev. crit. de l'ornith., p 193, n° 453. — Querquedula falcata, Bonap. — Anas dressanopteros, Messerschm.

Ce canard habite la Sibérie ainsi que le nord-ouest de l'Asie, depuis le Jenisei jusqu'au Kamtchatka. Il se montre, selon Pallas, sur le lac de Baical et sur la Léna, mais plus rarement au Kamtchatka, où il ne vient qu'en avril pour émigrer de nouveau en automne, vers le sud jusqu'en Chine. M. le docteur von Schrenck le trouva souvent dans le pays d'Amour. Lors des migrations, qui se font par troupes, ce canard se montre en Russie d'Europe, en Suède, en Hongrie et fut également pris, selon Pennant, aux îles Britanniques.

La nourriture de cette espèce consiste en petits poissons, vers, limaces, insectes et en lentilles d'eau et parties tendres de certains végétaux.

Cet oiseau niche dans les monts S'Tanowoy, jusque près de leur sommet; M. Middendorff trouva le nid de ce canard dans l'Uds'koy-Os'trôg. Le nid est formé de roseaux, d'herbes et de feuilles; il contient six à neuf œufs. Vers le commencement d'août, les jeunes ont déjà toute leur taille.

Canard glousseur.

CANARD GLOUSSEUR.

ANAS GLOCITANS, PALLAS.

GLUCKING DUCK. — GLUCK ENTE.

Temm , t. IV, p. 533. — Degl., t. II, p. 433. — Gould, BIRDS OF EUR.. t. V, pl. 363. — Schleg. REV., p. CXIII. — Middend., SIBIR. REISE, t. II, p. 230. — Yarr. BRIT. BIRDS, t. III, p. 260. — Selby, BRIT. ORNITH., t. II, p. 321. — Querquedula glocitans, Vig. — Q. bimaculata, Bonap. — Anas bimaculata, Pen.

Ce canard habite les régions froides et inhospitalières de l'extrême nord. Il est très-commun dans le nord de la Russie et en Sibérie, où Pallas l'a trouvé particulièrement près du lac Baikal; il se montre accidentellement en Grande-Bretagne. Il n'est pas rare au Japon et en Chine. Sur les bords de l'Amour, cette espèce apparaît en avril ou en mai.

M. Léopold Schreenk dit que les individus habitant le fleuve Amour sont parfaitement identiques avec ceux de la Sibérie, mais que l'on peut cependant les distinguer par les plumes du côté des cuisses, qui sont moins compactes et d'une couleur plus sombre que chez ces derniers.

Cette espèce se tient généralement près des embouchures des fleuves, sur les lacs et les grands étangs. Elle est excessivement farouche, à moins qu'elle ne soit en nombreuse société. Le mâle fait souvent entendre des cris retentissants et non interrompus, que les échos répètent au loin, et si plusieurs oiseaux se mettent de la partie, cela devient un vrai concert infernal.

La nourriture de ce canard consiste en petits coquillages fluviatiles, vers, petits poissons et quelquefois en substances végétales vertes.

Le nid est construit au bord d'un fleuve ou d'un lac.

Canard marbré.

CANARD MARBRÉ.

ANAS MARMORATA, TEMMINCK.

THE MARBLED DUCK. — MARMORIRTE ENTE.

Temm. Man. d'Ornith., IV, p. 544. — Ménét. Cat., p. 58, n° 205. — Bonap. Birds (1858), p. 56.
— Idem, Faun. Ital. fasc. 46, f. 1. — Gould, Birds of Eur., pl. 373. — Degl. Ornith. Eur. II,
p. 455. — Ibis, vol. II, p. 355. — Bree, Birds of Eur., not obs. in the Brit. isles, IV,
p. 156. — *Anas angustirostris*, Ménét. — *Dafila marmorata*, Eyt. — *Querquedula angustirostris* et *Marmaronetta angustirostris*, Bonap.

Ce canard habite l'Asie et le nord de l'Afrique ; sur ce dernier continent, il est commun en janvier et février, dans les états de Tunis et en
Algérie. En Europe, il ne se montre guère que dans les contrées méridionales, et il ne serait pas rare, suivant lord Lilford, dans l'île de
Sardaigne ; M. Contraine dit également l'avoir observé sur cet île, mais
qu'il y est, au contraire, fort rare. On désigne aussi, comme patrie de
cet oiseau, le lac Halloula, bien que M. Tristram dise l'avoir cherché en
vain sur cette intéressante pièce d'eau.

La nourriture de ce canard se compose d'insectes, de vers et de mollusques. On ne sait encore rien de bien positif touchant les mœurs de
cette espèce.

Cet oiseau niche en Algérie et pond de sept à huit œufs.

Canard Américain

CANARD AMÉRICAIN.

ANAS AMERICANA, WILSON.

AMERICAN DUCK. — AMERIKANISCHE ENTE.

Yarr. Birds of Great Brit., t. III, p. 292. — Steph. Gen. zool., t. XII, p. 135. — Schleg. Rev. crit., p. 114. — Bonap. Rev. crit., p. 193, n° 428. — Wils. Amer. ornith., t. VIII, pl. 86, fig. 4. — Richards. et Swains., Fauna bor. Am., p. 445. — Mareca americana, Steph.

Ce canard est commun le long de toutes les côtes des États-Unis, mais il est encore plus répandu en Caroline, où il fréquente les champs de riz. A la Martinique, on voit de grandes troupes de ces oiseaux voler constamment d'un champ de riz à l'autre; ils sont, à cause de leurs déprédations, très-redoutés des planteurs. Cette espèce se rencontre également à Saint-Domingue et à Cayenne; elle est commune, en hiver, le long des baies qui avoisinent le cap May, ainsi que sur les côtes de la Delaware; elle quitte ces localités en avril pour arriver, en mai, dans la baie d'Hudson. En Europe, ce canard a été plusieurs fois capturé dans la Grande-Bretagne.

Les canards américains commencent leurs migrations par petites volées, s'accroissant continuellement et finissant par devenir de grandes troupes. Ils volent à une grande hauteur, plus souvent la nuit que le jour.

Ces oiseaux cherchent leur nourriture en société et placent des sentinelles qui doivent les avertir du danger. On les voit peu pâturer durant le jour, mais ils sortent le soir de leur retraite et leurs cris annoncent au loin leur présence. Leur nourriture favorite se compose de racines tendres de plantes aquatiques, mais ils ne dédaignent pas les petits poissons, les insectes, les limaces et les vers.

La nidification a lieu dans les marais sur un petit monticule caché entre les roseaux. La femelle dépose six à neuf œufs sur un tas de feuilles mortes, de roseaux et d'autres plantes analogues.

Ce canard a été adopté par plusieurs naturalistes comme une espèce, mais ses caractères sont trop peu distincts pour que nous puissions le considérer ainsi. Nous ne l'acceptons donc que comme une variété climatique de l'*Anas fistularis*.

Canard soucrourou

CANARD SOUCROUROU.

ANAS DISCORS, LIN.

THE BLUE-WINGED TEAL. — BUNTE ENTE.

Lin., SYST. NAT., t. I, p. 204 — Briss., ORNITH., t. VI, p. 452 et 455. — Wils., AMER. ORNITH, t. VIII, p. 74. — Eyt., MONOGR. ANAT., p. 131. — COMPTES-REND. DE L'ACAD. DES SC. DE PARIS, 1856, t. XLIII, p. 650. — Degl. et Gerbe, ORN. EUR., t. II, p. 520. — *Querquedula discors*, Steph. — *Cyanopterus discors*, Eyt. — *Pterocyanea discors*, Bonap.

Ce canard habite l'Amérique septentrionale, mais il émigre en automne vers les contrées du Sud, et on le rencontre alors depuis les États-Unis jusqu'aux îles Malouines; dès le commencement de septembre, il est déjà très-abondant sur les rives de la Delaware. M. Canivet signale l'apparition de cet oiseau sur les côtes de France. Un individu a été tué dans les marais voisins de Carentan.

Le canard soucrourou ne visite que rarement les bords de la mer. Il recherche de préférence les champs de riz submergés, dans lesquels il occasionne parfois de grands dégâts, d'autant plus que sa nourriture se compose presque essentiellement de matières végétales. Les Américains font la chasse à cet oiseau en plaçant des piéges à fleur d'eau ; sa chair est délicate et fort recherchée.

La nidification a lieu dans des endroits marécageux.

MORILLON A COLLIER.

FULIGULA COLLARIS, GRAY.

COLLARED POCHARD. — HALSBAND TAUCHERENTE.

Schleg., REV., p. 119. — Bonap. SYN., p. 393, n° 341. — Bonap. REV. CRIT., p. 194, n° 439. — Bree, BIRDS OF EUR. NOT OBS. IN THE BRIT. ISLES, t. IV, list. suppl., p. 243.—Wils. AM. ORNITH., t. VIII, pl. 60, fig. 3. — Richards. et Swais., FAUNA BOR., p. 454. — Anas collaris, Donav. — A. fuligula, Wils. — A. rufitorques et Fuligula rufitorques, Bonap.

Ce morillon est très-commun, durant le commencement de l'hiver et du printemps, aux États-Unis, qu'il quitte en été. En Europe, on l'a pris à différentes reprises dans la Grande-Bretagne.

On observe cette espèce, en dehors de l'époque des amours, en société plus ou moins nombreuse sur les lacs, les cours d'eau et sur les eaux marécageuses riches en végétation, où elle se cache au moindre danger entre les plantes aquatiques. Elle ne visite que rarement les bords de la mer. Lorsqu'elle est sur une eau découverte, et qu'un danger la menace, elle plonge aussitôt pour ne remonter à la surface que lorsqu'elle est hors de portée de fusil. On ne peut lui faire convenablement la chasse que vers l'heure de midi, car elle se livre en ce moment au repos, et alors on peut facilement l'approcher.

La nourriture du morillon à collier se compose de petits poissons, de grenouilles, de limaces et d'autres mollusques, ainsi que d'insectes aquatiques.

La nidification se fait au bord de l'eau. La ponte a lieu dans un petit enfoncement garni de feuilles sèches, de roseaux et de mousse ; les huit à dix œufs que pond la femelle reposent sur une litière de plumes.

Cette espèce ne diffère, pour ainsi dire, de notre *Fuligula cristata* que par son collier roux ; les œufs sont identiques à ceux de ce dernier. Nous sommes donc portés à croire que le *F. collaris* n'est qu'une variété climatique.

Morillon à oreilles blanches

MORILLON A OREILLES BLANCHES.

FULIGULA LEUCOTIS, DUBOIS.

WHITE-EARED POCHARD. — WEISSÖHRIGE TAUCHENTE.

Schleg. Rev., p. 119.— Bonap., Rev. crit. de l'ornith eur., p. 193, n° 447. — Yarr. Brit. Birds.
t. III, p. 247.—Eyton. Brit. Birds, p. 67. — Wils. Am ornith., t. VIII, p. 51.— Richards. et
Swains., Fauna bor. Am., p. 458. — Anas albeola, A. rustica et A. bucephala. Lin. — Glau-
gula albeola, Step. — Fuligula albeola, Bonap.

Ce gentil petit morillon est commun, en automne et en hiver, au bord
des mers, des lacs et des rivières des États-Unis. Il se retire dans le
nord pour nicher, vers le milieu d'avril ou dans les premiers jours de
mai. On le voit communément en juin dans la baie d'Hudson. En Europe, on en a tué plusieurs individus en Grande-Bretagne.

Cet oiseau se tient habituellement sur des eaux solitaires et abondamment pourvues de plantes aquatiques. Il est très-farouche : à la
moindre apparence de danger, il se cache entre les roseaux ou dans les
broussailles qui bordent l'eau, ou bien plonge avec dextérité pour se
soustraire à l'ennemi. Son vol est excessivement rapide.

La nourriture de cette espèce se compose de petits poissons, de grenouilles, de mollusques et de frai, ainsi que de semences et de lentilles
d'eau. Ce morillon est quelquefois très-gras, mais sa chair est peu
estimée.

Vers la fin de février, de violentes querelles surgissent entre les mâles
pour la possession des femelles ; à cette époque, on voit cette espèce par
troupes, tandis qu'en hiver elle vole généralement par couples. Le nid se
trouve près des étangs et se compose de roseaux, d'herbes et d'autres
matières végétales sèches; la femelle pond six à huit œufs sur une litière
de plumes.

Morillon leucocéphale.

1. Mâle 2 femelle.

MORILLON LEUCOCÉPHALE.

FULIGULA LEUCOCEPHALA, DUBOIS.

WHITE-HEADED DUCK. — WEISKÖPFIGE ENTE.

Degl., t. II, p. 476. — Temm., t. II, p. 859. — Naum., t. XII, pl. 315. — Gould, BIRDS OF EUR., t. V, pl. 381. — Mey. et Wolf, TACHEB. D. DEUTS. VÖG., t. II, p. 506. — Anas mersa, Pall. — A. leucocephala, Gmel. — Undina mersa, Keys. et Blas. — U. leucocephala, Gould. — Erismatura leucocephala, Bonap. — Fuligula mersa, Degl.

Le morillon leucocéphale habite au nord de l'Amérique les côtes de la baie d'Hudson ; en Asie on le trouve en Sibérie sur les côtes de la mer Caspienne et de la mer Noire ; en Europe il n'est pas rare en Russie, en Grèce, en Moldavie, en Valachie et visite parfois la Turquie, mais plus rarement la Hongrie et l'Italie ; en Allemagne il ne vient qu'accidentellement lors de ses migrations. On l'a pris également une fois en France.

Ce n'est réellement pas un oiseau marin, car il vit la plupart du temps sur les grands cours d'eau et les lacs abondamment bordés de plantes aquatiques, telles que roseaux, saules, etc. Ses migrations se font par troupes nombreuses, et l'on peut alors facilement les abattre, car ils sont peu farouches.

La nourriture de cet oiseau se compose principalement de mollusques, surtout de bivalves, qu'il va chercher au fond des eaux, où il séjourne parfois assez longtemps ; il se nourrit aussi de poissons, d'annélides et de matières végétales.

Ce morillon niche sur les lacs et les marais salants, si abondants en Asie. Le nid, placé sur une petite éminence, est formé d'un tas de roseaux secs entremêlés de brins d'herbe et recouverts d'une couche de plumes sur laquelle se trouvent huit à neuf œufs.

Eider de Steller.

1. Mâle, 2. femelle.

187

EIDER DE STELLER.

SOMATERIA STELLERI, DUBOIS.

STELLER'S WESTERN DUCK. — STELLER'S EIDERENTE.

Temm. t. IV, p. 547. — Degl. t. II, p. 469. — Naum. t. XII, pl. 320. — Gould, t. V, pl. 382. — Scheg. REV. p. CXVI. — Yarr., BRIT. BIRDS, t. III, p. 305. — Anas Stelleri, Pall. — A. dispar, Sparrm. — A. Beringi, Lath — A. occidua, Schaw. — Fuligula Stelleri, Degl. — F. dispar, Steph. — Stelleria dispar, Bonap. — Eniconetta Stelleri, Gray. — Harelda Stelleri, Keys. et Blas. — Clangula Stelleri, Boie.

Cette espèce est propre à l'extrême nord, particulièrement de l'Asie ; elle habite la pleine mer et les côtes du Kamtchatka et des Couriles ; on la voit aussi sur les côtes de l'Amérique du nord et accidentellement sur celles de l'Europe. Elle a été capturée à diverses reprises, pendant l'hiver, en Suède, au Danemark et en Grande-Bretagne.

Ce palmipède cherche parfois un refuge à l'entrée des fleuves, pour s'abriter contre la violence des tempêtes ; il arrive alors parfois qu'il s'aventure jusque bien avant dans les terres. Il vole avec aisance et plonge parfaitement. Bien que d'un naturel sociable, on ne le voit jamais dans la société d'autres espèces du même genre, mais il est rare qu'il ne soit accompagné de plusieurs de ses semblables.

La nourriture de cet oiseau consiste en coquillages qu'il pêche avec dextérité en plongeant ; aussi se tient-il presque constamment près des bancs de mollusques. Il ne dédaigne cependant pas le frai de poisson, les insectes et les annélides aquatiques, et il mange même, faute de mieux, des lentilles d'eau.

La nidification a lieu dans le nord, sur des rochers marins le plus souvent inabordables. Le nid est construit à l'aide de matières végétales sèches, amplement recouvertes de plumes ; c'est sur cette chaude litière que la femelle dépose de cinq à sept œufs. Quand le temps est calme, les jeunes sont conduits sur l'eau dès leur naissance.

Plectroptère de Gambie.
1 mâle. 2 femelles.

PLECTROPTÈRE DE GAMBIE.

PLECTROPTERUS GAMBENSIS, STEPH.

THE SPUR-WINGED GOOSE. — SPORENGANS.

Lath. Gen. Syn. vi., p. 452, pl. 102. — Gen. Man. B. Vert. an., p. 226. — Flem. Brit. an , p. 128. — Steph. Gen. Zool. xii., p. 7, pl. 36. — Keys. et Blas. Wierbelt. Eur., p. 84. — G.-R. Gray, Gen. of Birds. iii. p. 604. — Bonn. Encyc. méth. p 118. — Yarr. Brit. Birds, 2ᵉ éd , iii, p. 177. — A. E. Brehm, in Journ. f. Ornith., v (1857), p. 378. — *Anas gambensis,* Lin. — *Anser gambensis,* Jeny. — *Anser spinosus,* Bonn.

Ce palmipède est propre à l'Afrique; il est assez répandu près du fleuve Fuhla, mais il habite particulièrement la Gambie. Ce n'est que tout accidentellement qu'il se montre en Europe, où il a été tué en Angleterre.

C'est une espèce très-sociable qui vit par troupes de dix à vingt individus sur les fleuves Asrakh et Abiad; elle se montre parfois plus au nord jusque dans les environs de Charthum, mais ce ne sont jamais que des individus isolés qu'on rencontre dans ce pays. L'époque de la mue commence en mars et dure jusqu'en juin; l'accouplement se fait peu de temps après.

La nourriture de cet oiseau consiste en insectes, larves, vers, mollusques et en matières végétales.

A l'époque de la reproduction, chaque couple vit séparément; le nid est bâti dans un marais ou sur l'îlot d'une eau courante, si celui-ci est bien pourvu de végétaux herbacés. Le nid est fait de joncs, de roseaux et d'autres plantes aquatiques, et contient de trois à six œufs. Leur éclosion a lieu en septembre ou en octobre; les jeunes restent longtemps ensemble à l'endroit qui les a vus naître, même après qu'ils ont été abandonnés par leurs parents.

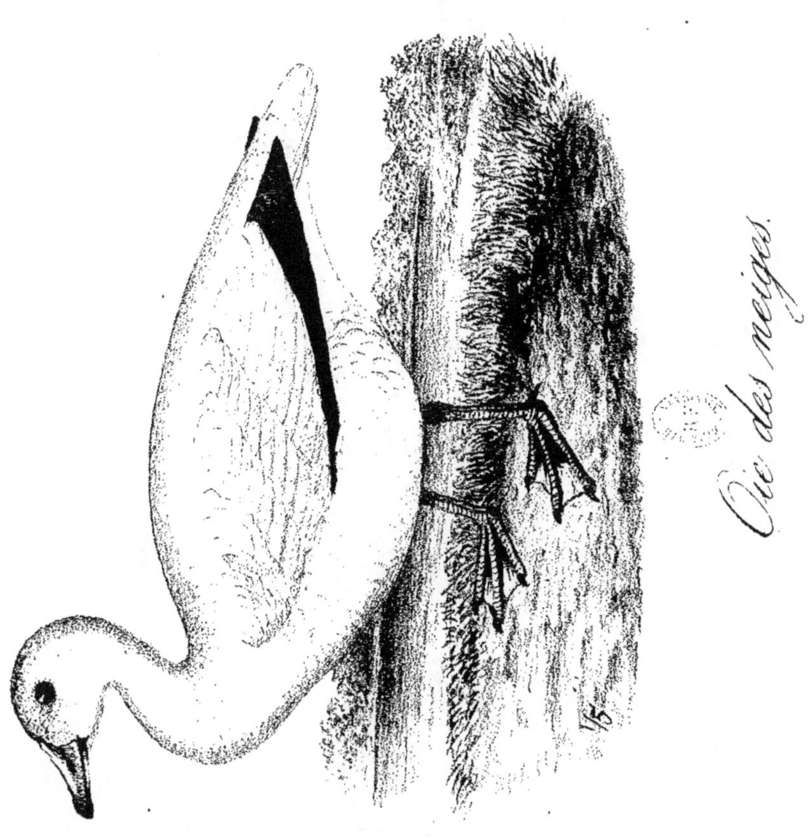

Oie des neiges.

OIE DES NEIGES.

ANSER NIVEUS, BRISSON.

SNOW GOOSE. — SCHNEE GANS.

Temm., t. II, p. 816. — Degl., t. II, p. 401. — Naum., t. XI, pl. 284. — Gould, t. V, pl. 346. — Bree, BIRDS OF EUR., t. IV, p. 126. — Meyer, TASCHEB. DER DEUTS. VÖGEL., p. 551. — ANAS HYPERBOREA, Gmel. — OLSEN HYPERBOREA, Boie. — ANSER HYPERBOREUS, Vieill.

L'oie des neiges habite le nord de l'Asie et de l'Amérique; on la rencontre à la baie d'Hudson, au Labrador et au Canada, d'où elle émigre, dans la mauvaise saison, vers la Caroline et même jusqu'au Mexique, la Sibérie et le Japon. Pendant les hivers bien rigoureux, il n'est pas rare de la trouver en Russie d'Europe, sur les bords de la mer Caspienne et en Grèce; mais ce n'est qu'accidentellement qu'elle parvient jusqu'en Allemagne, où on l'a prise, comme une grande rareté, en Prusse, en Silésie et en Thuringe.

Les migrations se font par troupes : les oies se placent, à cet effet, de façon à former une ligne oblique ou un angle aigu, ce qui leur permet de fendre l'air avec facilité; ces voyages se font généralement avec assez de bruit, car les clameurs ne sont pas épargnées. Cette espèce est beaucoup plus farouche lorsqu'elle est en société que lorsqu'elle se trouve isolée. Sa nourriture se compose de céréales, de graines, de racines, de mollusques et d'insectes.

Cette oie niche dans les grands marais, près des embouchures des fleuves et jusque sur les bords de la mer Glaciale. Le nid est placé à terre dans un lieu sec et sur une petite éminence; il se compose de roseaux et de tiges de diverses graminées et contient quatre à six œufs.

Oie à épaules bleues.

OIE A ÉPAULES BLEUES.

ANSER CÆRULESCENS, LINNÉ.

THE BLUE-WINGED GOOS. — BLAU-SCHULTERICHE GANS.

Gmel. Lin. N. W., I, pl. 23. — Wils. Am. Ornith., vol. VIII, pl. 69, f. 5. — Bree, Birds of Eur., not obs. in the Brit. isles, IV, p. 133. — *Anser sylvestris freti Hudsonis*, Briss. — *A. hyperboreus, jun.*, Br.

L'oie à épaules bleues habite le Labrador, la baie d'Hudson et elle est commune, en été, au fort Albani. Elle se montre également dans le nord de la Russie, de la Sibérie et au Spitzberg.

Cette espèce a souvent été confondue avec le jeune de l'*Anser nivœus* (*hyperboreus*), dont elle diffère cependant par des caractères tranchants. Elle se plaît dans les grandes solitudes des baies inaccessibles de l'extrême nord, où il est presque impossible à l'homme de l'atteindre. Elle est excessivement farouche et d'une prudence rare, aussi se sauve-t-elle au moindre danger qui puisse la menacer.

Cet oiseau se nourrit de graines, de jeunes pousses de diverses plantes, de racines et d'autres matières végétales.

La nidification a lieu principalement dans la partie Nord-Ouest du Labrador.

OIE A COL ROUX.

ANSER RUFICOLLIS, MEY. et WOLF.

THE RED-BREASTED GOOSE. — ROSTHALSIGE GANS.

Temm. t. II, p. 526. — Degl. t. II, p. 406 — Naum. t. xi, p. 408. — Gould, t. V, pl. 351. — Yarr. Brit. Birds, t. iii, p. 171. — Anas ruficollis, Pall. — A. torquata, Gmel. — Bernicla ruficollis, Boie.

Cette oie habite en Sibérie les côtes de la mer Glaciale, et de préférence à l'embouchure des fleuves Obi et Léna. Elle s'est montrée plusieurs fois en Europe, où elle a été prise en Suède, au Danemark, ainsi que sur les côtes de la Poméranie et de la Grande-Bretagne. Elle aurait également été capturée en Normandie, et Naumann parle même d'un individu de cette espèce qui aurait été pris en Belgique; rien jusqu'ici ne paraît cependant confirmer cette dernière assertion.

Pendant les migrations, il est rare que cet oiseau s'éloigne de beaucoup de la mer. Les voyages périodiques se font habituellement à l'approche de la saison rigoureuse, et, à cet effet, les oies volent les unes derrière les autres en ligne droite, ou bien en deux lignes convergentes formant un angle aigu. Elles se dirigent ainsi à grands cris vers les côtes de la mer Caspienne, la Tartarie et la Perse, et remontent même parfois le Volga; au mois d'avril elles retournent dans le nord. Il est à remarquer que cet oiseau est beaucoup plus farouche quand il est en société que quand il est seul.

La nourriture de cette espèce se compose principalement de substances végétales; il est rare qu'elle prenne des vers et des mollusques.

La nidification se fait au bord des fleuves de la Sibérie et de la Russie, qui ont leur embouchure dans l'océan Glacial. Le nid se compose simplement d'une petite excavation bourrée d'herbages; la ponte est de six à dix œufs.

L'oie canadienne

OIE CANADIENNE.

ANSER CANADENSIS, FLEMING.

CANADA GOOSE. — CANADISCHE GANS.

Wils. Am. Ornith., t. VIII, pl. 67, fig. 4. — Richards. et Swains., Fauna Bor. Am., p. 468. — Yar. Brit. Birds, t. III. p. 181. — Anas canadensis, Lin. — Cygnopsis canadensis Brandt. — Bernicla canadensis, Gray. — Cygnus canadensis, Step.

C'est l'oie sauvage ordinaire des États-Unis. Elle est très-commune jusqu'au cercle arctique dans toute l'Amérique du Nord, au Spitzberg et à la baie d'Hudson ; dans cette dernière on peut, selon M. Penant, en tuer trois à quatre mille pendant les années favorables. On la voit également le long du Missouri et du Mississipi, au Canada et en Floride ; mais ce n'est qu'accidentellement qu'elle fait une apparition sur les côtes de la Grande-Bretagne.

L'oie canadienne est le précurseur du printemps et de l'hiver, dont elle annonce le retour par ses migrations. Son passage d'automne commence au milieu du mois d'août et dure jusqu'en octobre, époque où elle arrive dans la Nouvelle-Jersey. Lors de leurs voyages, ces oies passent parfois au-dessus des montagnes, et, si elles se montrent en très-grand nombre, on peut être certain que l'hiver sera rigoureux.

Cette espèce préfère généralement les îles aux continents et se tient habituellement loin des habitations. Durant l'hiver, elle recherche de préférence les baies et les îlots des marais, mais il lui arrive parfois de s'aventurer jusque dans les ruisseaux. Elle vole en divers sens au-dessus de l'eau et de la terre, mais s'il s'agit d'atteindre un but, elle prend toujours la ligne droite.

La nourriture de cet oiseau consiste principalement en plantes marines, mollusques et quelquefois en racines de certaines plantes marécageuses.

Le nid est placé au bord de l'eau, dans un léger enfoncement que la femelle creuse elle-même, si elle n'en trouve pas un qui puisse lui servir. Il est construit à l'aide de brins d'herbe recouverts de plumes, sur lesquelles reposent de trois à six œufs. Le prince Max de Wied dit avoir trouvé un nid de cette espèce au bord du Mississipi, sur un vieux peuplier dénudé.

CYGNE AMÉRICAIN.

CYGNUS AMERICANUS, SHARPLESS.

THE AMERICAN SWAN. — AMERIKANISCHE SCHWAN.

Sharp. Am. Journ. sc. and arts, XXII, p. 83. — Audub. Birds of Am , p. 274. — Idem, Atl., pl. 411. — Richards. et Swains. Fauna Bor. Am. p. 465. — Eyt. A Monogr. on the Anatidae, p. 99. — Macg. N. H. Ornith., II, p. 137. — Altum, in Naumannia (1854), p. 145. — Hartl., idem, p. 327. — *Cygnus Bewickii*, Swains.

Ce cygne habite une assez grande étendue de l'Amérique du Nord : il hiverne dans les provinces atlantiques et principalement dans le Chesapeake-Bay, où il fut observé par Richardson au Saskatchewan, sous le 64ᵉ degré de latitude. Townsend le rencontra en Colombie, et le capitaine Stansbury le vit, en mars, lors de son expédition au Jordan-River. Cette espèce a aussi été observée plusieurs fois en Europe. Cinq exemplaires ont été vus en Hanovre, en 1851, dont trois furent abattus près de Haselüne.

Cet oiseau a été longtemps confondu, soit avec le *C. Bewickii*, soit avec le *C. immutabilis*, dont il diffère cependant beaucoup. A première vue, on pourrait le prendre pour le *C. islandicus (C. minor)*, dont il a la taille ; mais il se distingue de ce dernier par la forme de son bec et des parties nues placées à la naissance de la mandibule supérieure. Un examen attentif ne laisse, du reste, aucun doute sur l'identité des individus pris en Hanovre et désignés par le Dʳ Hartlaub sous le nom de *C. americanus*, avec l'espèce décrite sous le même nom par Audubon. M. T.-C. Eyton est également d'avis que l'oiseau en question est bien une véritable espèce, et non une variété, comme plusieurs ornithologistes l'on cru à tort.

Le cygne américain est un oiseau excessivement farouche. Ses mœurs et sa propagation ne diffèrent guère de celles de ses congénères.

Buse rayé.

LA BUSE RAYÉE.

BUTEO LINEATUS, JARD.

THE RED-SHOULDERED BUZZARD. — GESTREIFTE-BUSSARD.

Gmel., SYST. NAT., p. 268 et 274. — Wils., AM. ORN., pl. 35, f. 1, et pl. 53, f. 3. — Vieill., Ois
DE L'AM. SEPT., pl. 5 et 7. — Audub. AM. BIRDS, pl. 56. — Less. TR. D'ORN., p. 81. — Cass.,
BIRDS OF CALIF. AND TEX. p. 99. — *Falco lineatus* et *hyemalis*, Gmel. — *Circus hyemalis*,
Vieill. — *Astur fuscus*, Bonap. — *A. hyemalis*, Jard. — *Nisus hyemalis*, Cuv. — *Poecilop-
ternis lineatus*, Kaup. — *Buteo fuscus*, Vieill. — *B. hyemalis*, Less.

Les quelques espèces qui vont suivre ont fait récemment leur apparition en Europe, et doivent, par conséquent, prendre place dans la
faune européenne. Nous les placerons à la suite des palmipèdes, comme
supplément au tome 1er de la seconde série.

La Buse rayée a pour caractères principaux : tête et cou blanchâtres
flammés de brun ; parties inférieures blanches rayées de roux ; épaules
rousses ; rémiges tachées de blanc ; queue avec quatre bandes blanches.

Cet oiseau habite en petit nombre les États-Unis de l'Amérique,
la Californie et le Mexique. En Europe, il s'est montré accidentellement en Écosse.

Ce rapace est d'un naturel moins indolent que ses congénères. Il se
tient pendant tout l'été dans les bois, où il fait la chasse aux écureuils,
murides, petits oiseaux et grenouilles, qu'il va dévorer à terre ; c'est
aussi sur le sol qu'il cherche le plus souvent le repos. Il se perche
presque toujours sur les branches inférieures des arbres d'où il guette
sa proie. La voix de cette espèce est forte et très-perçante.

La Buse rayée construit son aire sur les arbres. La ponte est de quatre
œufs blanchâtres, ornés au gros bout de taches peu distinctes d'un
rouge pâle.

Milan govinda.

MILAN GOVINDA.

MILVUS GOVINDA, Sykes.

THE GOVINDA KITE. — GOVINDA MILAN.

Syk., Proc. comm. Zool. soc. II, p. 81. — Tem. et Schl., Fauna Jap., pl. 5 et 5ᵇ. p. 14 — Gray, Ill. Ind. Zool., pl. 18. — Gould, Birds of As., pl. — Strickl. et Jard., Ornith. syn., p. 133. — Schl., Mus. P.-B. (milvi), p. 2. — Rev. et mag. de Zool., 1869, p. 372. — *Haliaëtus lineatus*, Gray. — *Milvus melanotis*, Schl. — *M. migrans*, Strickl. et Jard.

Cet oiseau a été souvent confondu par les auteurs avec le *M. niger*, dont il se distingue facilement par sa couleur chocolat et par les mèches fauves qui couvrent le vertex, le cou, la poitrine et le ventre.

Le Milan govinda habite l'Asie méridionale et orientale, particulièrement le Népaul, la Chine et le Japon. MM. Amédée Alléon et Jules Vian ont constaté sa présence en Europe; ils ont tué un jeune mâle à Sékéré-Keuy, près Constantinople, le 6 octobre 1867. Voici ce que ces naturalistes disent à ce sujet :

« ... La capture du 6 octobre 1867 ouvre à ce Milan la faune européenne, et nous sommes disposés à croire que son apparition en Turquie n'est pas seulement accidentelle. Notre sujet faisait partie d'une bande de six, qui est restée dans les environs de Constantinople jusqu'à la fin de février, en société de quelques Milans royaux. Il était facile de les distinguer au vol, puisque les Milans noirs étaient partis un mois avant leur arrivée, et que la queue du govinda est beaucoup moins fourchue que celle du Milan royal; mais il était très-difficile de les approcher, parce qu'ils chassaient toujours dans une campagne dénudée... Nous avons déjà démonté, il y a quelques années, à Buyuk-déré, toujours à l'automne, et conservé quelques mois en volière, un jeune govinda; mais, ne connaissant pas alors l'espèce, nous l'avions considéré comme un jeune Milan noir, présentant par ses taches une variété accidentelle » (*Rev. et mag. de zoolog.*, 1869, p. 372).

Suivant M. Schlegel, cet oiseau serait très-vorace et audacieux, et ferait entendre une espèce de chant assez agréable.

Faucon de Barbarie,
1. Adulte. 2. Jeune.

FAUCON DE BARBARIE.

FALCO BARBARUS, LIN.

THE BARBARIAN FALCON. — BARBAREISCHE FALKE.

Ray, Syn. av., p. 14. — Lin., Syst. nat., I, p. 125. — Levaill., Expl. sc. de l'Alg., Ois. pl. 1. — Temm., Pl. col., 479. — Fritsch, Nat. d. Voeg. Eur., p. 30, pl. 2, f. 3. — Degl. et Gerbe, Orn. eur., I, p. 84. — *Falco tuncatus*, Ray. — *F. puniceus*, Levaill. — *F. peregrinoides*, Temm.

Ce faucon a la taille du *F. communis*, var. *minor;* il est très-voisin du lanier, dont il se distingue par sa queue plus courte, sa taille moins forte, sa tache en moustache plus prononcée et le sommet de la tête tirant plus ou moins au noirâtre; la nuque est rousse et le dessous de l'oiseau est fortement lavé de roux dans tous les âges; chez l'adulte, les parties inférieures, et principalement les flancs, sont couvertes d'un nombre plus ou moins considérable de petites taches ovalaires ou cordiformes; le musée de Bruxelles possède un individu dont la poitrine et le ventre sont très-roux, mais complétement dépourvus de taches.

Cet oiseau habite une grande étendue de l'Afrique, particulièrement la Barbarie, la Nubie, l'Algérie, le Sennaar et Tunis; le musée de Leyde possède un individu provenant de l'Hindoustan. Ce faucon se montre accidentellement dans l'Europe méridionale. Un jeune mâle fut tué par M. Pregel en Dalmatie; c'est l'individu figuré dans l'ouvrage de M. Fritsch (pl. 2, fig. 3) sous le nom de *F. peregrinoides* (1). M. Schlégel mentionne également une capture faite en Hollande.

Les mœurs et la propagation de cet oiseau sont analogues à celles des espèces voisines.

(1) La figure 2 de la même planche est un *F. lanarius* et non un *F. Barbarus*.

Scops asio

SCOPS ASIO.

SCOPS ASIO, BONAP.

THE MOTTLED OWL. — ASIO OREULE.

Briss., ORN., I, p. 497. — Lin., S. N., p. 132. — Gmel., S. N., p. 289. – Vieill.. Ois. DE L'AM. SEPT., pl. 21, p. 53 et 54. — Wils., AM. ORN., V, pl. 42, f. 1. — Cuv. RÉG. AN., I, p. 341. — Steph., ZOOL.. XIII, 2. p. 57. — Audub., AM. BIRDS, pl. 97. — Tem., PL COL. 80. — Less. MAN., I. p. 117. — Bonap., B. OF EUR. AND N. AM., p. 6. — Gray. GEN. OF B. I, p. 38. — Cass., B. OF CAL. AND. TEX.. p. 179. — Gray, CAT. OF BRIT. B., p. 24. — *Asio scops carolinensis*, Briss. — *A. nœvia*, Less. — *Strix asio*, Lin. — *S. nœvia*, Gm. — *Noctua aurita minor*, Catesby. — *Bubo asio et B. striatus*, Vieill. — *Otus asio*, Steph. — *O. nœvius*, Cuv. — *Surnia nœvia*, Jam. — *Ephialtes asio*, Gray. — *E. ocreata*, Licht.

Les teintes dominantes de cette espèce sont tantôt le gris, tantôt le roux. Ces deux variétés ont été considérées par plusieurs auteurs comme des espèces distinctes ; d'autres ont cru que la variété grise était l'oiseau adulte, et la rousse le jeune âge. Les jeunes oiseaux ressemblent, en effet, à la variété rousse, mais ils sont rayés transversalement de brun et de blanc et n'acquièrent leur plumage définitif qu'à l'âge de deux ans. Le docteur Bachman, de Charleston, a été l'un des premiers à faire connaître cette particularité, et il n'y a plus aucun doute à cet égard depuis que la chose a été confirmée par M. Cassin et par d'autres ornithologistes américains.

Suivant M. Cassin, les mâles de la variété grise s'accoupleraient le plus souvent avec des femelles rousses et *vice versâ*.

A en juger par les spécimens du Musée de Bruxelles, cette espèce est de taille assez variable.

Le Scops asio habite dans l'Amérique du Nord : le Groenland, le Canada, le Minnesota, l'Ohio, l'Orégon, la Californie, la Caroline et la Pensylvanie ; pendant l'été, il émigre vers le Nord. M. Gray annonce une capture faite en Angleterre à Hawksworth, près Kirstall.

Cet oiseau se tient continuellement dans les bois, où il vit principalement d'insectes.

Cincle de Pallas.

CINCLE DE PALLAS.

CINCLUS PALLASII, TEMM.

PALLAS'S WATER-OUZEL. PALLASISCHER WASSERSCHMATZER.

Temm. MAN. D'ORN. I, 177. — Gray, GEN. OF B., I, p.215. — Gould, BIRDS OF EUR. pl. 85. — Bonap., CONSP. I, p. 252. — Schl., HANDL. DIERK. pl. 2, 23. — Gaetke, in JOURN. F. ORNITH., IV, 71. — *Sturnus cinclus. var*, Pall. — *Hydrobata Pallasii*, Gr.

L'adulte est d'un brun foncé uniforme. Le jeune est d'une couleur plus pâle : les plumes dorsales sont tachées de roussâtre et bordées de noir ; celles des parties inférieures sont simplement bordées de roussâtre à la poitrine, de blanchâtre à l'abdomen; les rémiges sont toutes bordées de blanc.

Ce cincle habite la Sibérie occidentale, le Japon et l'Ile Formose ; c'est de cette dernière localité que provient le jeune individu que nous figurons sur la planche ci-contre, et qui nous a été communiqué, de même que l'adulte, par M. le baron de Selys-Longchamps.

Temminck est le premier qui mentionne cette espèce dans la faune européenne; mais il n'a jamais été prouvé qu'elle ait été prise en Crimée. Temminck dit, en effet, que ce cincle se trouvait « dans un envoi fait par le professeur Pallas pendant son séjour en Crimée, ce qui fait *conjecturer* que l'espèce habite ce pays. » La seule apparition certaine de cet oiseau en Europe, est celle constatée par M. Gaetke à l'Ile Helgoland.

Les mœurs du cincle de Pallas ne diffèrent guère de celles de l'espèce ordinaire; il se nourrit également d'insectes et de larves.

Rousserolle fluviatile.

ROUSSEROLLE FLUVIATILE.

LUSCINIOPSIS FLUVIATILIS, BONAP.

RIVER WARBLER. — FLUSS-ROHRSANGER.

Mey. et W., TASCHENB. I, p. 229. — Savig. DESCR. DE L'EG pl. 13, f. 3. — Gould, BIRDS OF EUR. pl. 102. — Keys. et Bl.,WIRBELT., p. LIII. — Bonap. UCC. EUR. n° 152. — Thien. FORTPFL. p. 203. — Bree, BIRDS OF EUR. II, p. 97. — Degl. et Gerbe, ORN. EUR., I, p. 521. — *Sylvia fluviatilis*, M. et W. — *Acrocephalus stagnatilis*, Naum. — *Locustella fluviatilis*, Gould. — *Salicaria fluviatilis*, K. et Bl.

Cette espèce habite l'Europe méridionale et orientale, où on la rencontre principalement en Autriche et en Hongrie, le long des rives du Danube. Elle se montre aussi en Lithuanie et en Sibérie. On observe également cet oiseau en Egypte et dans l'Afrique septentrionale, mais il n'est pas certain s'il passe seulement l'hiver en Afrique, ou s'il y reste pendant toute l'année. Il arrive en Autriche en avril et repart à la fin d'août ou en septembre.

Ce rousserolle se choisit généralement, sur les rives du Danube, un endroit planté de saules ou d'aunes entremêlés d'aubepines, et riche en herbages. Le mâle fait entendre son beau chant dès le lever du soleil, rarement pendant la journée, mais presque toujours perché sur une branche très-inclinée ; ce chant est tellement caractéristique,qu'il suffit de l'avoir entendu une fois pour pouvoir, à l'avenir, le distinguer de tous les autres.

La nidification a lieu en mai, et se fait habituellement entre des touffes de pariétaires (*Parietaria*). Ce nid est construit à l'aide de paille et de feuilles sèches de gramminées ; l'intérieur est bourré de poils, de crin, d'herbes fines ou de feuilles mortes ; jamais, dit Thienemann, des toiles d'araignées ou de chenilles n'entrent dans la composition de ce nid. La ponte est de trois à quatre œufs.

Pouillot boréal.

POUILLOT BORÉAL.

FICEDULA BOREALIS, A. DUB. *ex* BLAS.

Middend. Reise, p. 178, pl. 16, f. 1-3. — Blas. List of B. p. 11. — A. Dub. Conspectus (1871), p. 14, n° 201. — *Sylvia Eversmanni*, Midd. *nec* Bonap. — *Phyllopneuste borealis*, Blas.

Cet oiseau a longtemps été confondu avec le *Phyllopneuste Eversmanni* de Bonaparte, qui n'est cependant qu'une variété du *Ph. trochilus (fitis)*. M. Blasius a, l'un des premiers, reconnu l'erreur, et afin qu'elle ne se perpétue pas davantage, il a donné le nom de *borealis* à la véritable espèce figurée par Middendorff. Celui-ci a cru lui-même devoir rapporter son oiseau à l'*Eversmanni*; mais en comparant les deux, il est facile de voir la différence, car le *borealis* est notablement plus petit que l'*Eversmanni*, Bp.

Voici les dimensions et la description de l'individu de la collection de M. de Selys-Longchamps, que nous figurons:

Longueur totale de la pointe du bec à l'extrémité de la queue	108	milim.
— du bec. à partir du front.	10	»
— du bec, depuis la pointe jusqu'à la naissance des narines . .	7	»
— des ailes.	62	»
— des tarses.	18	»
— du doigt médian, ongle compris.	10	»
Queue dépassant les ails de.	24	»

Description. — D'un vert cendré foncé en dessus, plus sombre sur la tête; rémiges d'un brun noirâtre, bordées extérieurement de vert jaunâtre; couvertures supérieures des ailes comme les rémiges, mais bordées extérieurement de blanc à leur extrémité, de façon à former une sorte de miroir ; couvertures inférieures jaunes de soufre; sourcils d'un blanc jaunâtre ; une bande assez large, de même couleur que la tête, part du bec, traverse l'œil et se réunit en arrière au manteau ; joues jaunâtres, mais chaque plume bordée de cendré; gorge et parties inférieures blanches, lavées de jaunâtre ; côtés de la poitrine et flancs lavés de vert cendré ; rectrices d'un brun noirâtre, bordées extérieurement de vert olivâtre; rectrices caudales olivâtres.

Le pouillot boréal a pour patrie la Sibérie, où on l'observe, suivant M. Middendorff, dès le mois de mai, près des monts S'tanowoj, et à partir du millieu de juin près du Boganida. M. Gaetke a tué cet oiseau à l'île Helgoland.

Alouette pispolette.

ALOUETTE PISPOLETTE.

ALAUDA PISPOLETTA, PALL.

THE PISPOLETTE LARK. — PISPOLETTE LERCHE.

Pall., ZOOGR. ROSS. ASIAT., I, 526. — Hamilt., in JOURN. ASIAT. SOC. BENG., XIII, 962 — Blyth, CAT. BIRDS AS. SOC., 132. — Gr., GEN. OF B. III, app. 18. — Horsf. et Moore, CAT. BIRDS E. IND. COMP., II, 471. — Cab., MUS. HEIN., I, 122. — Swinh., in PROCEED. ZOOL. SOC., XXXI, 271. — Degl. et Gerbe, ORN. EUR., I, 343. — *Alauda raytal*, Hamilt. — *Calandrella raytal*, Blyth. — *C. pispoletta*, Swinh. — *Mirafra raytal*, Gr. — *Alaudala raytal*, Horsf. et M. — *Calandritis pispoletta*, Cab.

Cette espèce se caractérise par son bec très-court, petit et convexe, ce qui permet de la distinguer facilement des *A. arvensis* et *brachydactyla*.

L'alouette pispolette a pour patrie l'Asie. Elle est commune, d'après Pallas, dans les déserts de la Russie orientale voisins de la mer Caspienne, et arriverait par bandes, dès le mois de février, vers le Volga inférieur pour se répandre au printemps dans les steppes jusqu'au delà de Saratow. Elle est également assez répandue dans le gouvernement d'Astracan.

Cette alouette recherche les endroits les plus arides et particulièrement les steppes. Elle niche à terre, dans les landes et pond de quatre à six œufs.

Nous figurons ce rare oiseau d'après un individu de la collection de M. le Baron de Selys-Longchamps.

Otocoris a gorge blanche.

OTOCORIS A GORGE BLANCHE.

OTOCORIS ALBIGULA, BONAP.

THE WHITE-BREAST LARK. — WEISSKELIGE ALPENLERCHE.

Gray, Gen. of B., pl. 92. — Bonap., Consp. I, 246. — Naum. 1855, p. 279.—Bonap. Rev. crit. p. 144. — Degl. et Gerbe, Orn. eur., I, 348. — *Alauda alpestris*, (jun.) Lin. — *A. albigula*, Brandt.—*A. penicillata*, Gould. — *Otocoris scriba et penicillata*, Bp. —*Phileremos albigula*, Breh.

Cette espèce a, à l'âge adulte, le front, les sourcils, la gorge et le ventre d'un blanc pur; un bandeau en arrière du front, une bande partant du bec et couvrant les joues et une partie des régions parotiques, ainsi que la poitrine, noirs ; la gorge est donc complètement encadrée de cette couleur. Chez les individus moins adultes, la bande frontale n'est pas d'un noir très-pur, mais plus au moins tachée, et la bande parotique est parfois nettement séparée du plastron par une raie blanchâtre plus au moins large suivant l'âge.

L'Otocoris à gorge blanche habite l'Asie occidentale. Le prince Bonaparte le mentionne dans sa *Revue critique* comme se montrant sur l'extrême frontière orientale de l'Europe ; M. le Dr Giebel annonce la Russie comme patrie de cette espèce, sans cependant entrer dans des détails à ce sujet (*Thesaurus ornithologiæ*, I, p. 290). Nous croyons cependant qu'il est bon de n'accepter cet oiseau qu'avec réserve dans la faune européenne.

Les mœurs et la propagation de cet oiseau sont peu connues.

Otocoris bilopha.

OTOCORIS BILOPHE.

OTOCORIS BILOPHA, GRAY

THE BILOPHE LARK. — BILOPHISCHE ALPENLERCHE.

Temm. Pl. col. 241, f. 1 — Rüpp., Syst. Uebers., 78. — Heugl., in Journ. f. ornith , 1868,. p. 234. — Breh., Nauman., V, 279. — Degl. et Gerbe, Orn. eur. I, 349. — *Alauda bilopha*, Tem. — *A. bicornis*, Hemp. — *Phileremos bicornis*, Brch. — *Otocorys bilopha*, Gr. — *Otocornis bilopha*, Rüpp.

Cet oiseau se distingue facilement de l'*O. albigula*, par sa taille plus petite, et par le plastron nettement séparé du noir des joues.

La véritable patrie de cette espèce est l'Asie occidentale, l'Arabie et la Barbarie. Quant à son apparition en Europe, voici ce qu'en dit M. Gerbe : « Elle visite accidentellement l'Espagne. Lord Lilleford nous a affirmé le fait, ainsi qu'aux MM. Verreaux, et nous a dit avoir chassé et tué lui-même cet oiseau à Dehesa de l'Albufera, dans le royaume de Valence. Il savait que l'espèce se montrait dans la localité, par les captures qui déjà y avait été faites. »

On ignore encore les mœurs et la propagation de cette espèce.

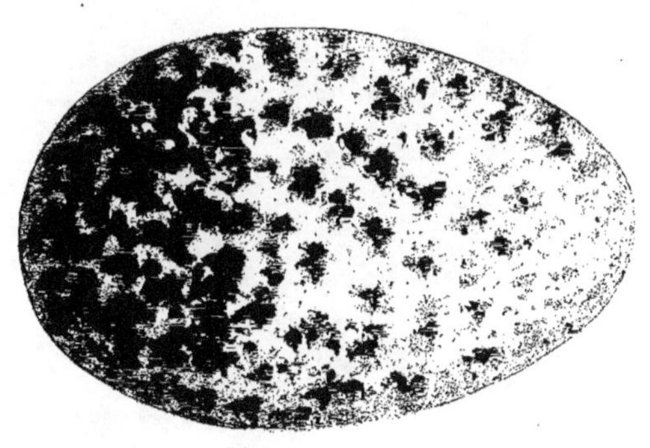

146.

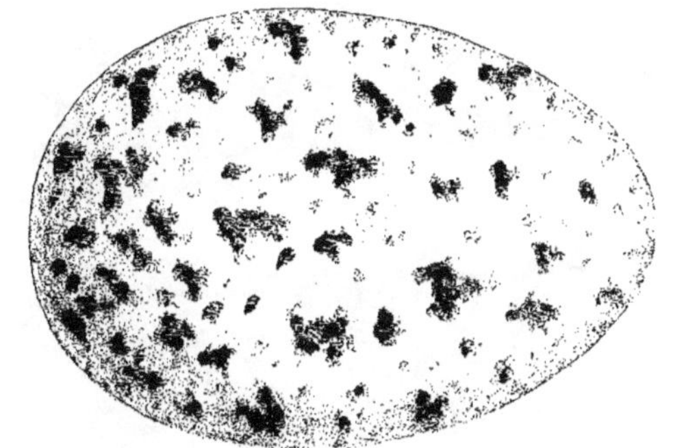

146.

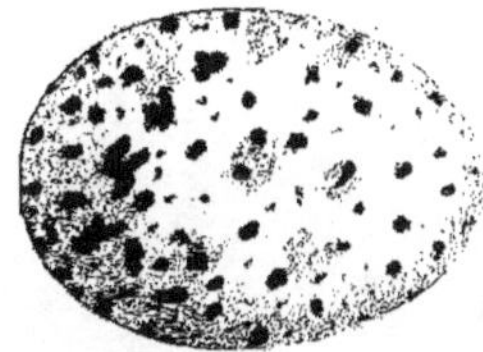

122.

122.

133.

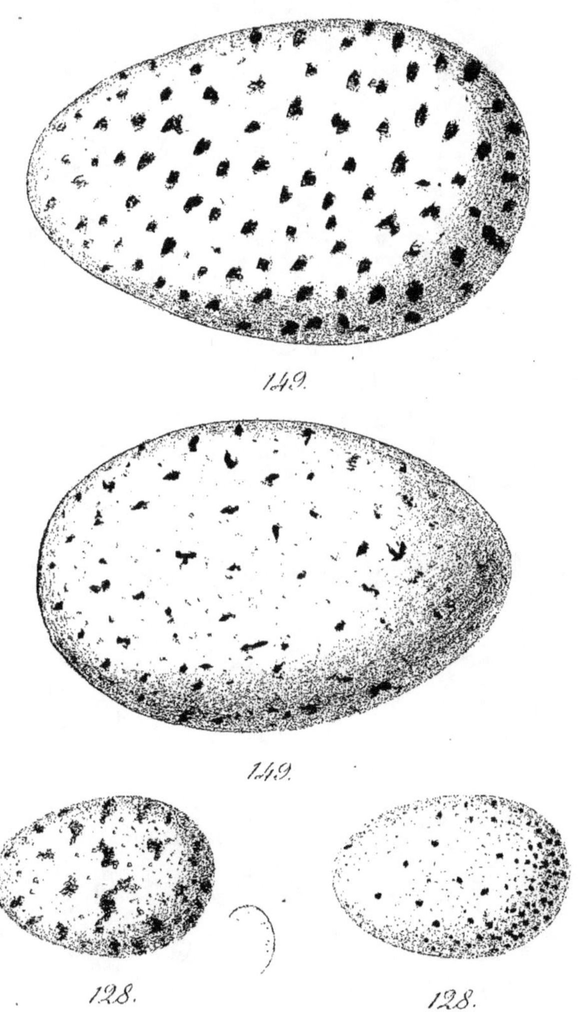

XX

149.

149.

128.

128.

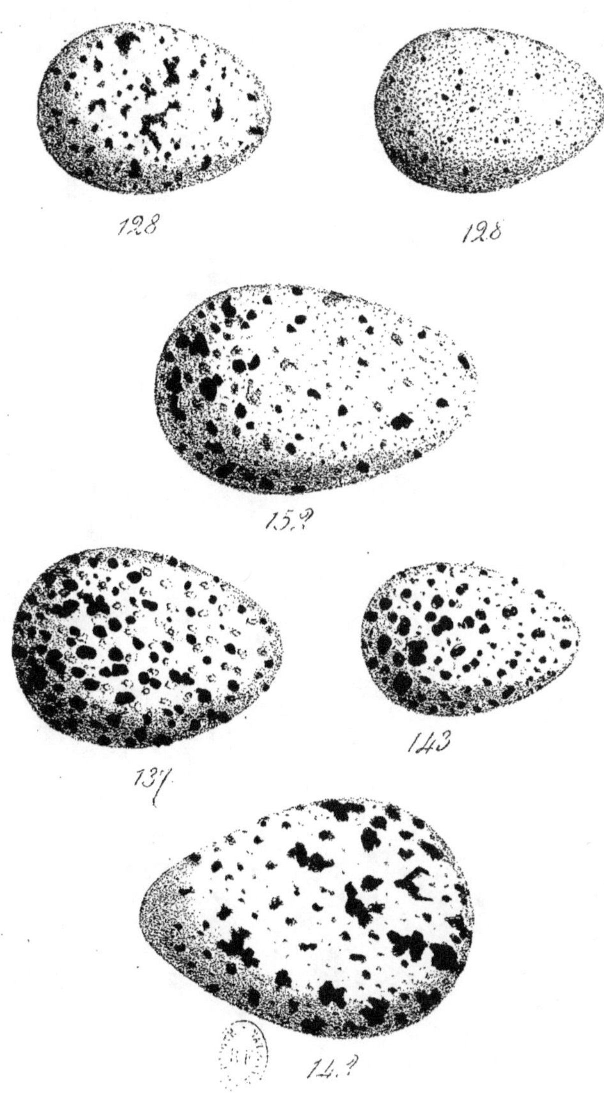

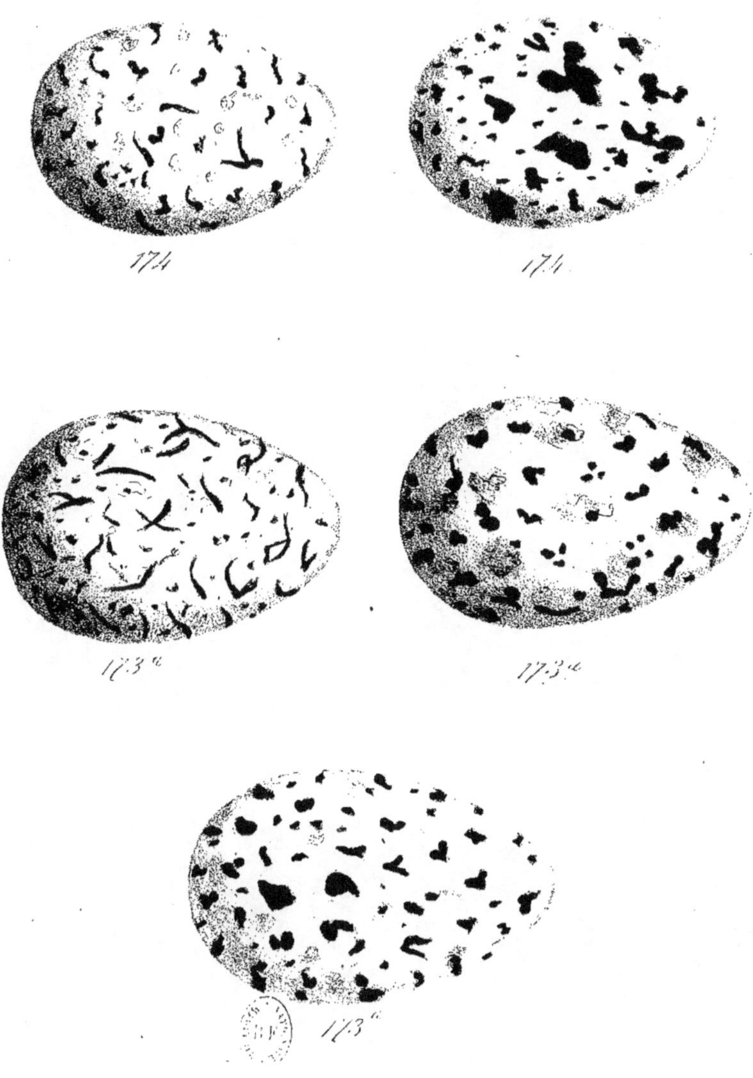

174

174

173ᵃ

173ᵃ

173ᵃ

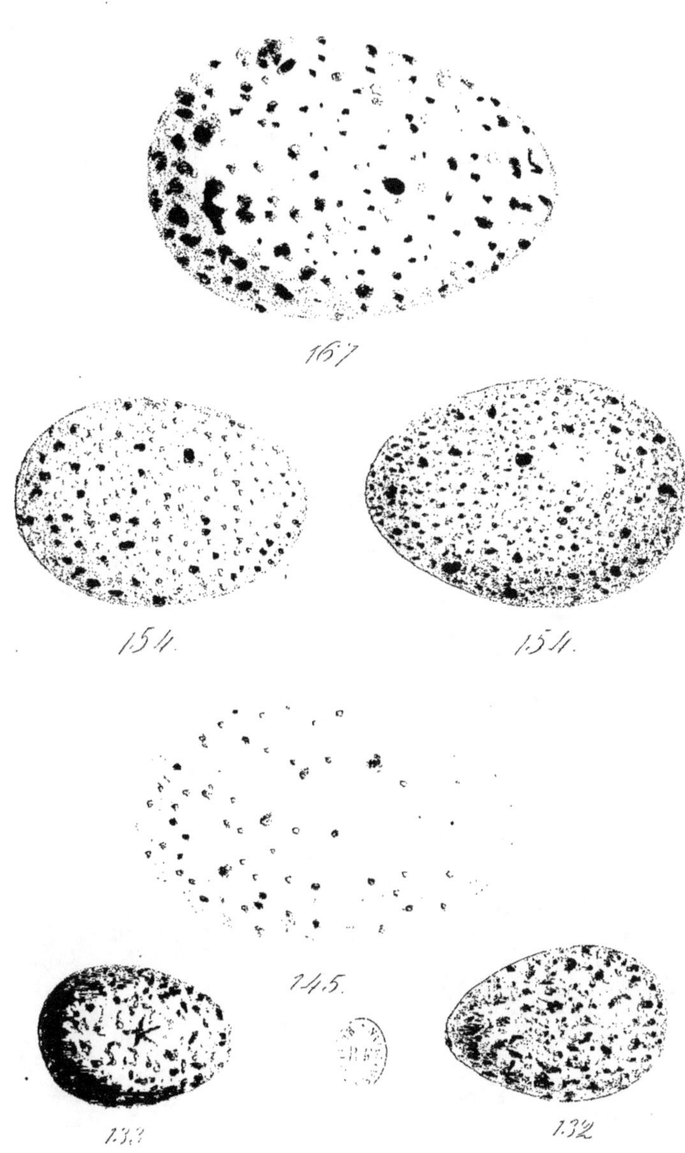

167

154.

154.

14.5.

13.3.

132.

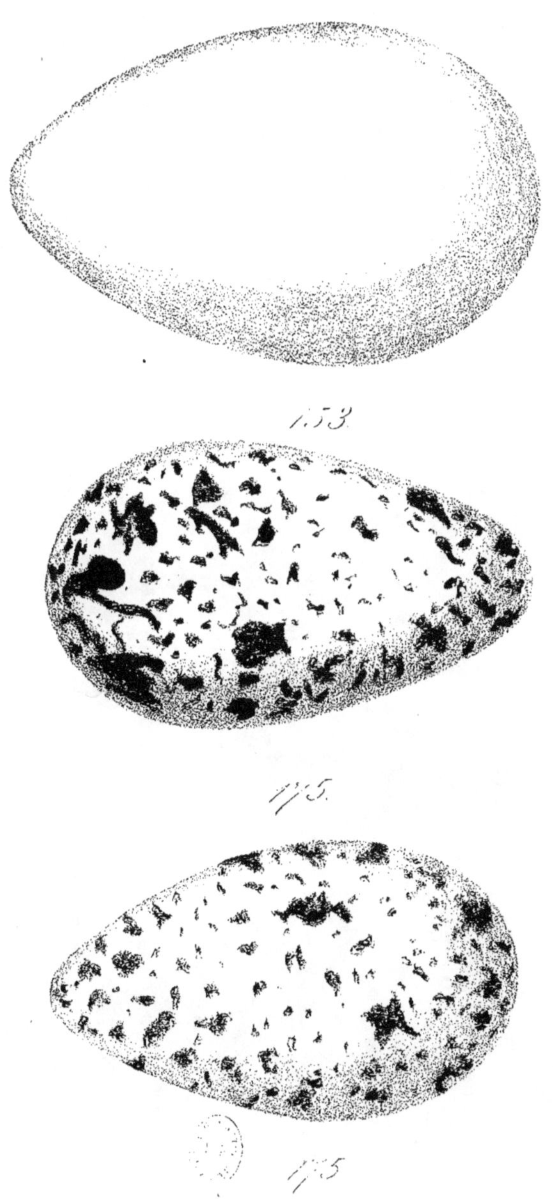

153
175
175

176.

176.

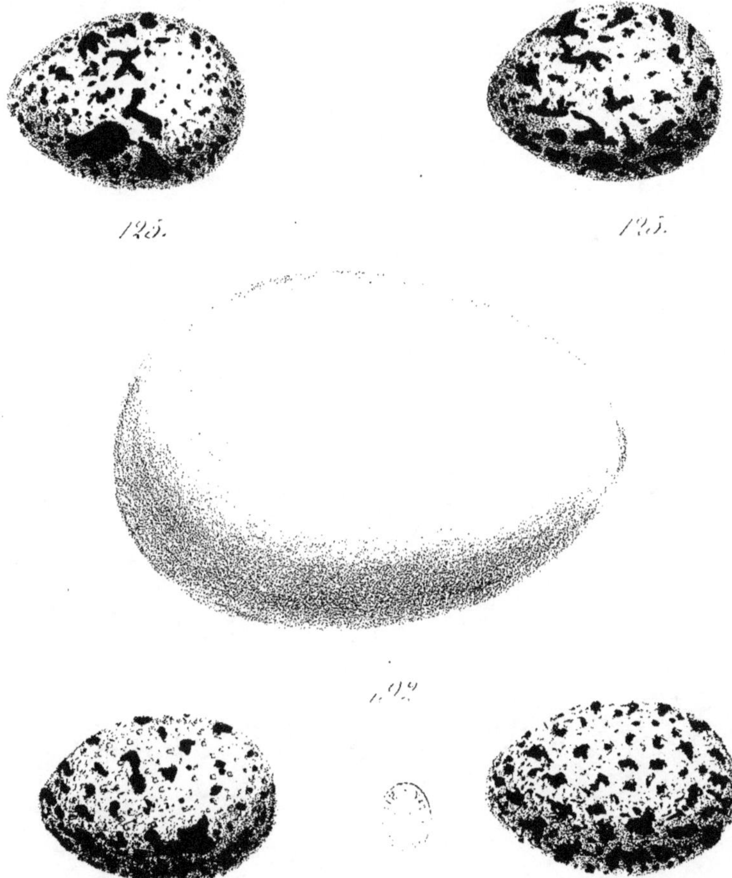

125.
125.
125.
125.

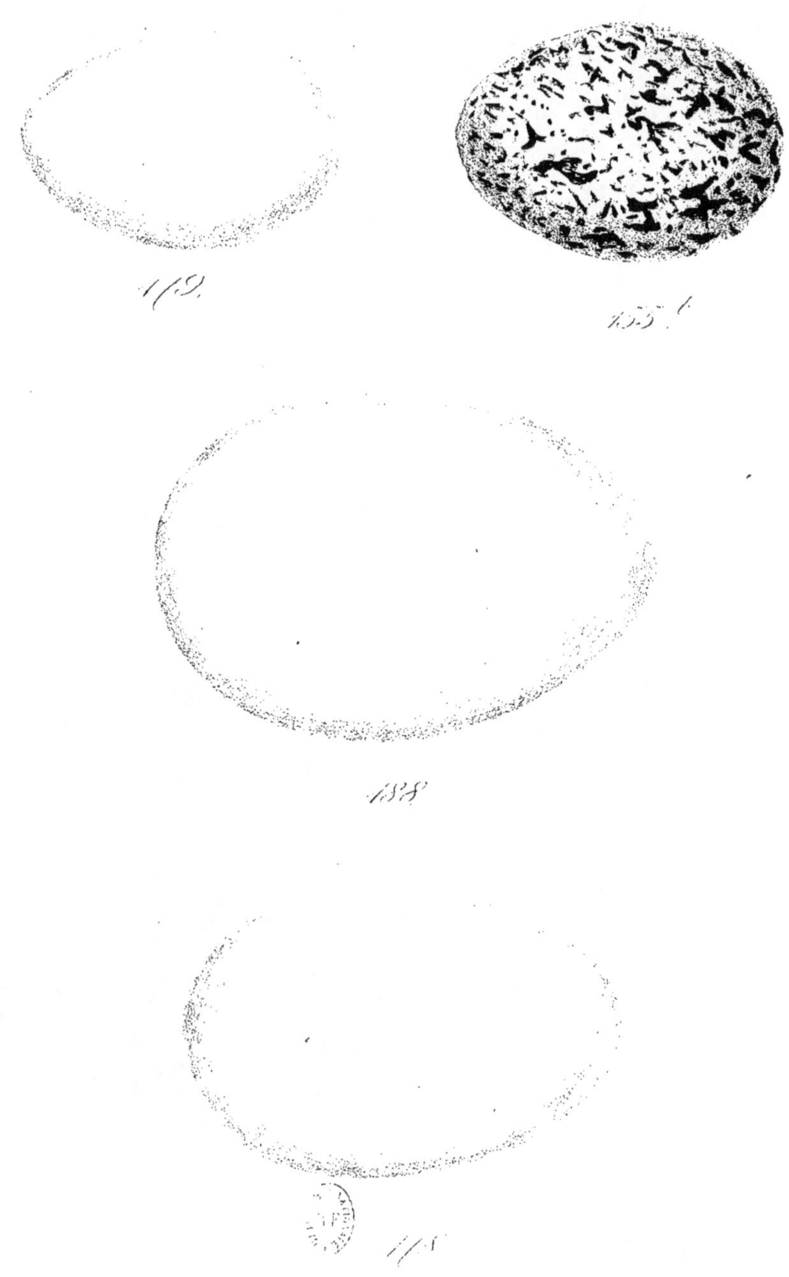

158

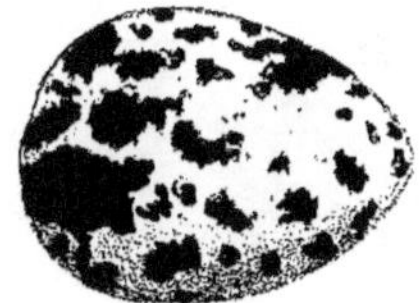

156

131

127

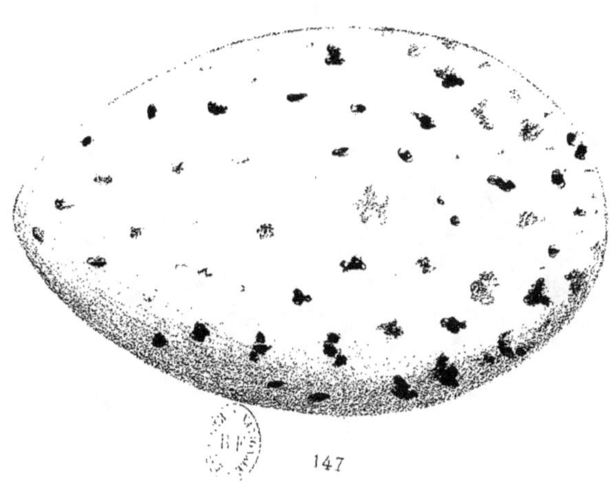

147

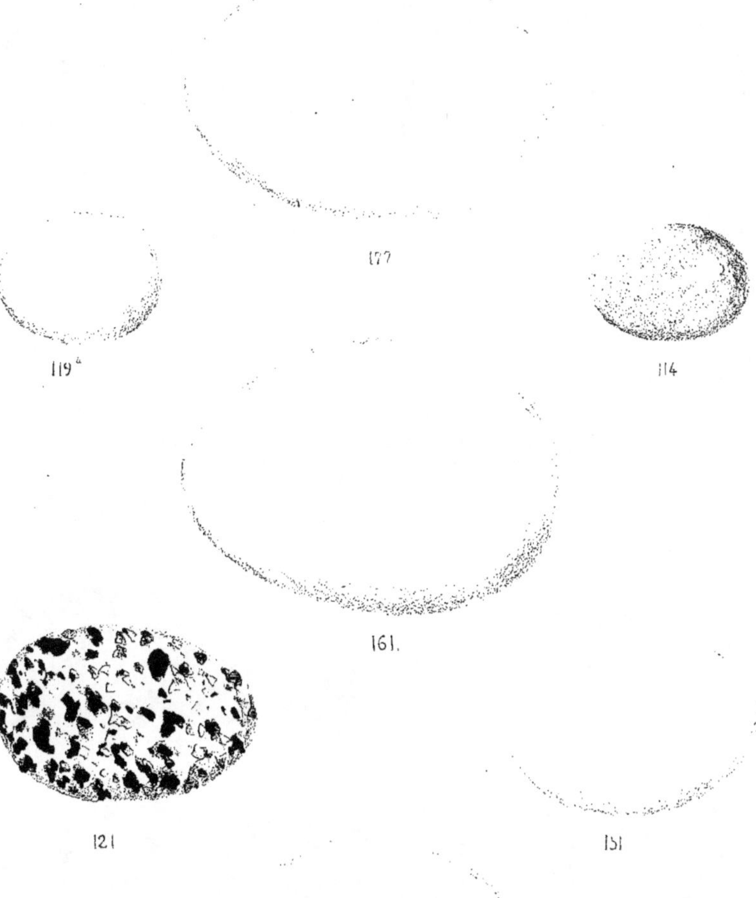
177
119
114
161.
121
151
180

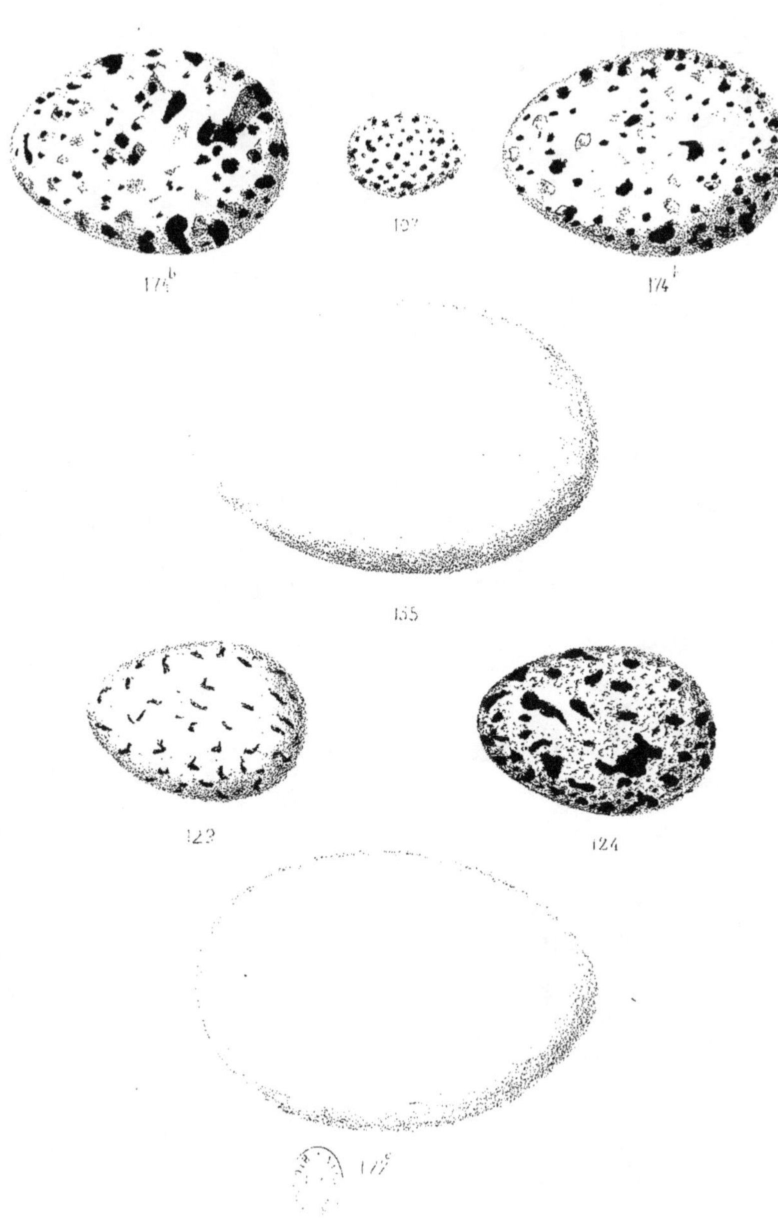

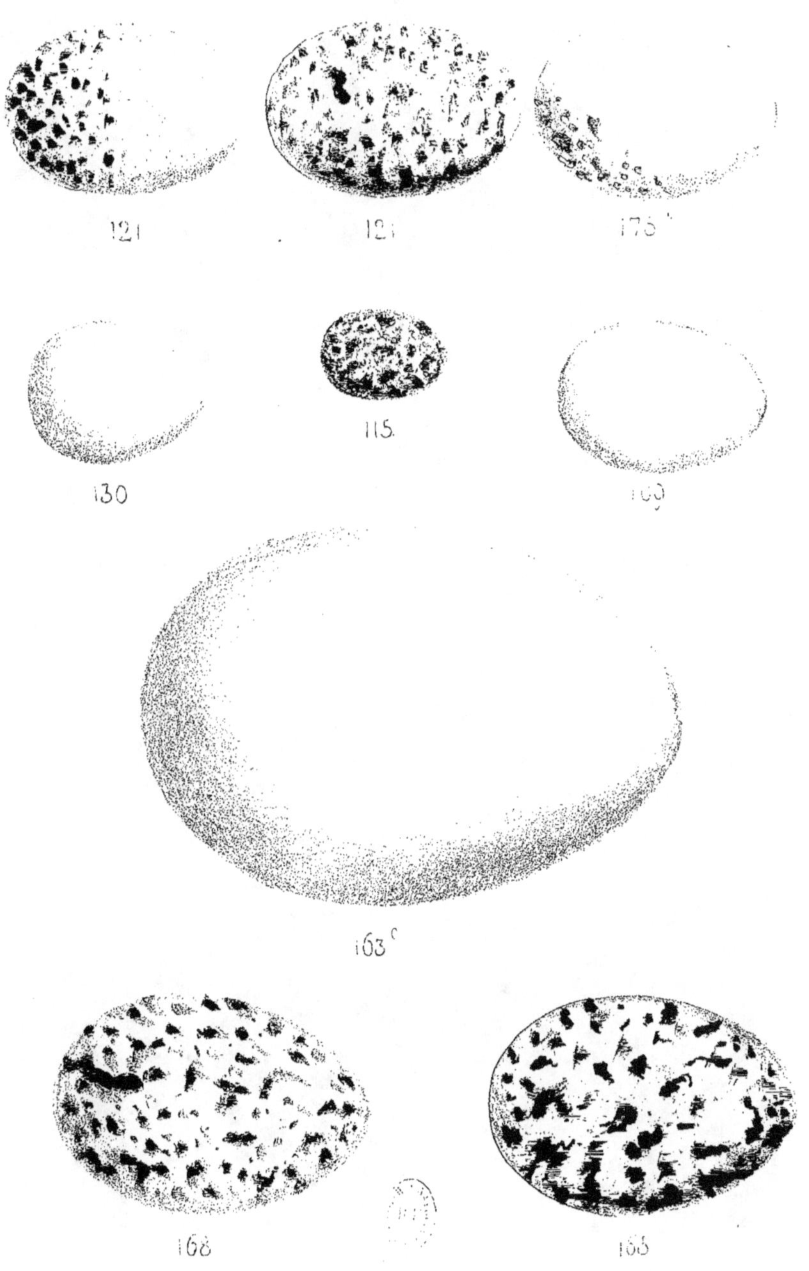

121
121
176
130
115.
109
163
168
165

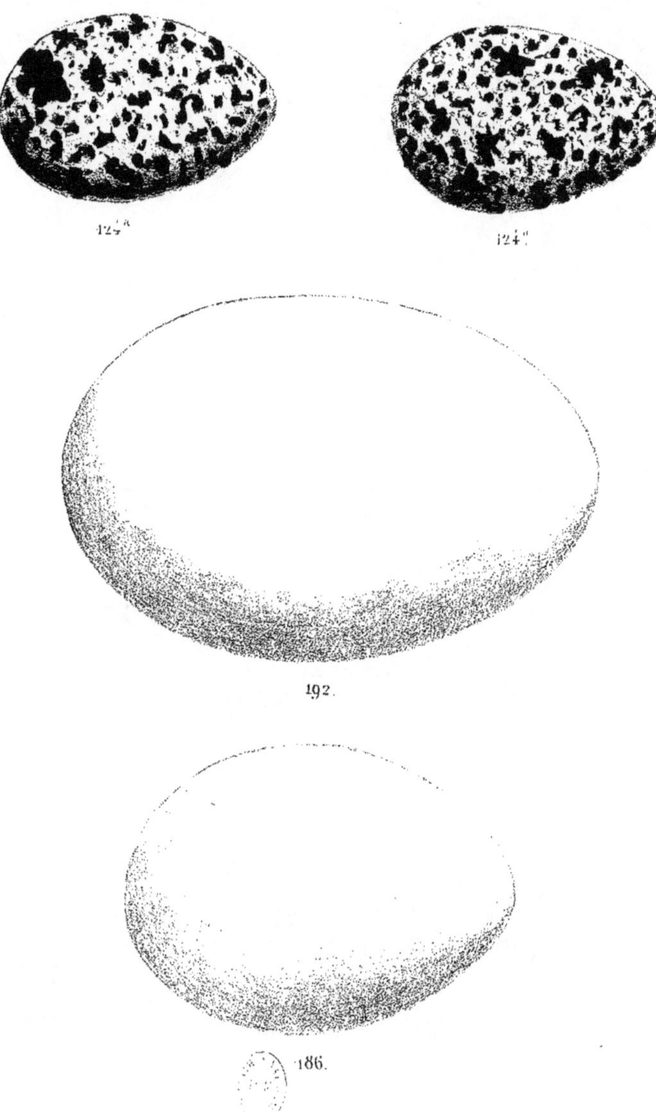

123.
124.
192.
186.

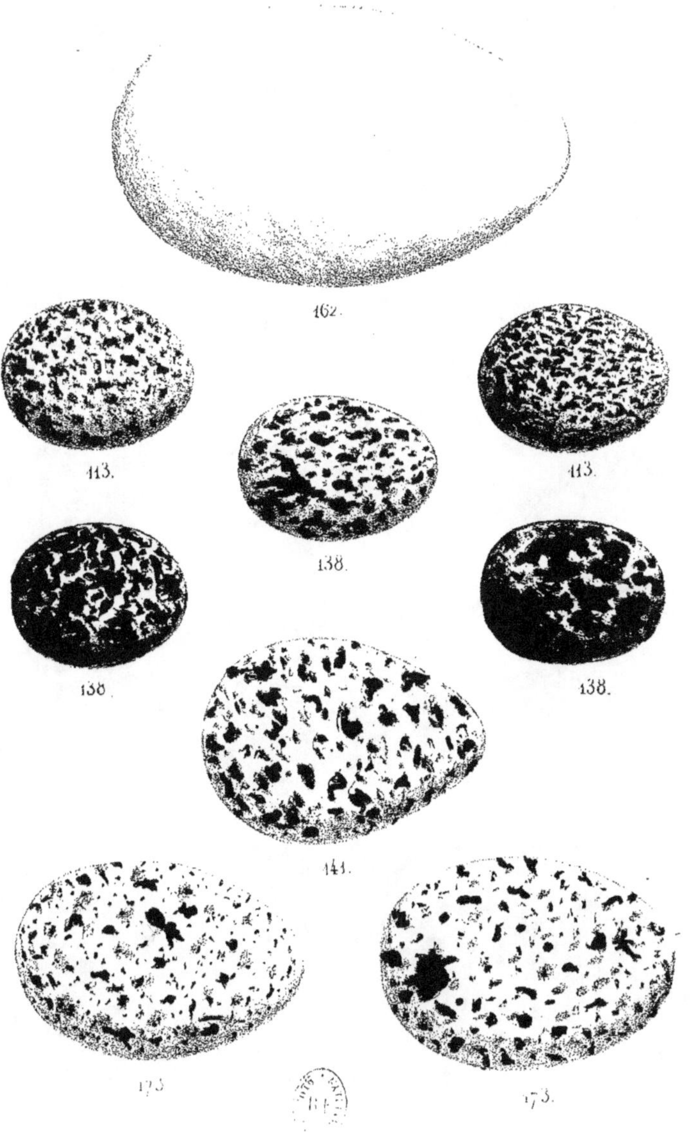
162.
113.
138.
113.
138.
138.
141.
173.
173.

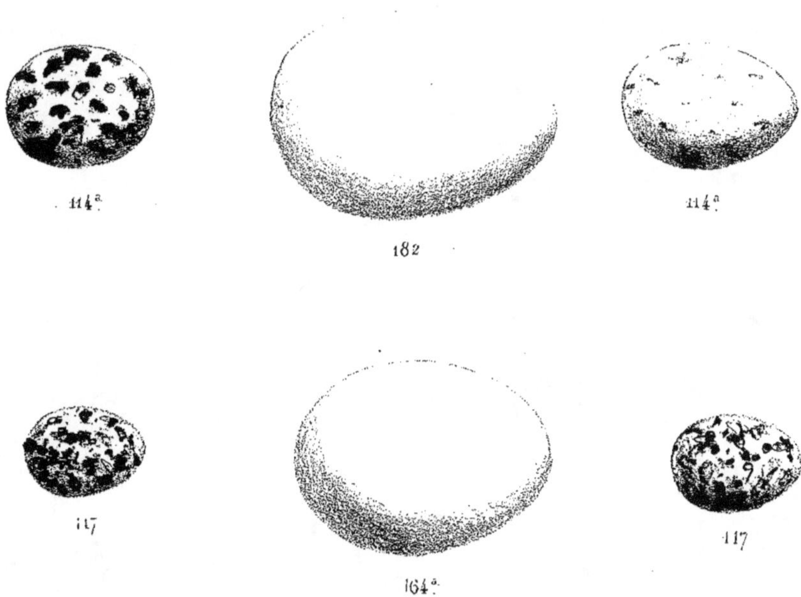

114ᵃ
182
114ᵃ
117
164ᵃ
117

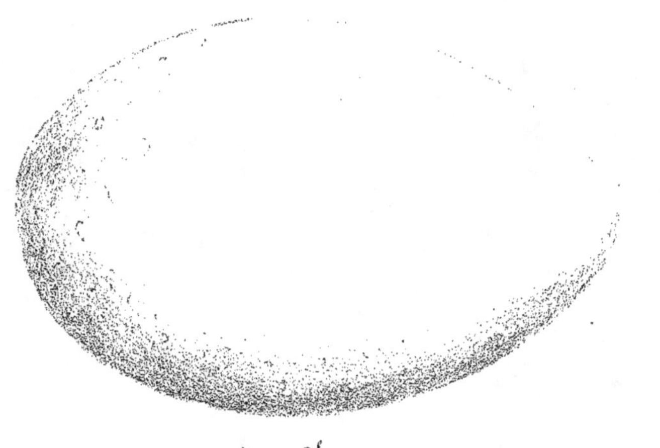

2ᶜ

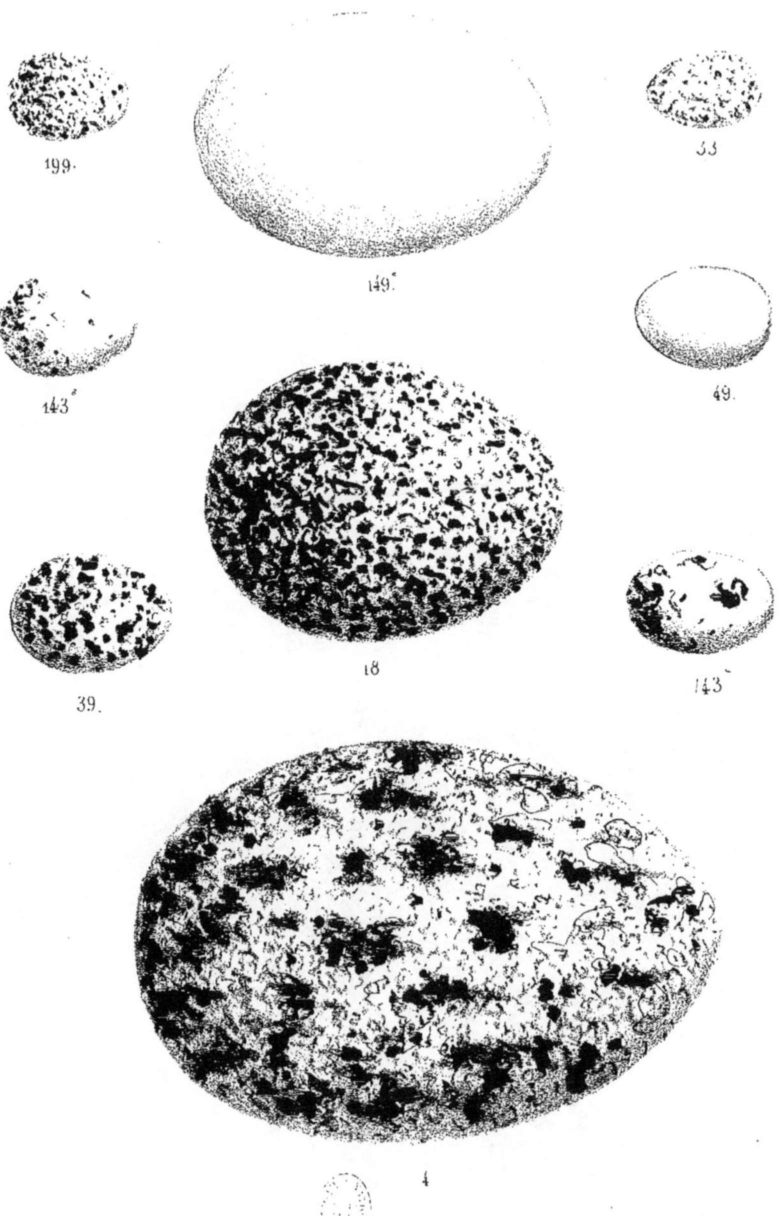
199.
149.
53.
143.
49.
39.
18.
143.
4.